中|华|国|学|经|典|普|及|本

小窗幽记

〔明〕陈继儒　著

胡乃波　注

中国书店

图书在版编目（CIP）数据

小窗幽记 /（明）陈继儒著；胡乃波注 . —北京：
中国书店，2024.10
（中华国学经典普及本）
ISBN 978-7-5149-3427-4

Ⅰ . ①小… Ⅱ . ①陈… ②胡… Ⅲ . ①人生哲学—中
国—明代 Ⅳ . ① B825

中国国家版本馆 CIP 数据核字（2024）第 058406 号

小窗幽记

〔明〕陈继儒 著　胡乃波 注

责任编辑：姚文杰

出版发行：中 国 书 店
地　　址：北京市西城区琉璃厂东街 115 号
邮　　编：100050
电　　话：（010）63013700（总编室）
　　　　　（010）63013567（发行部）
印　　刷：三河市嘉科万达彩色印刷有限公司
开　　本：880 mm×1230 mm　1/32
版　　次：2024 年 10 月第 1 版第 1 次印刷
字　　数：138 千
印　　张：7.5
书　　号：ISBN 978-7-5149-3427-4
定　　价：55.00 元

"中华国学经典普及本"编委会

前言

　　《小窗幽记》共十二卷，是明代陈继儒编撰的一本小品文集锦。整本书看似是一种对所见所闻、所听所想的记录，实则是对内心感悟的梳理，悟的是人生百态，悟的是世间真情，悟的也是人生真谛。在如今快节奏的生活中，这样一本书可以作为工作繁忙时的休憩，作为心灵餐桌上的一杯香茗，而其中蕴含的古风兰草香气，又非常值得细细品味。

　　陈继儒（1558—1639），字仲醇，号眉公、麋公，松江华亭（今上海松江）人，其性好山水，看淡功名利禄，曾多次被举荐为官，但一直辞而不就。擅书法绘画，书法师从米芾、苏轼，绘画精于墨梅、山川，传世之作除《小窗幽记》之外，还有《妮古录》《陈眉公全集》。《明史》赞其"工诗善文，短翰小词，皆极风致，兼能绘事。又博闻强识，经史诸子、术伎稗官与二氏家言，靡不较核。或刺取琐言僻事，诠次成书，远近竞相购写"。

《小窗幽记》并不是陈继儒个人著述，而是他摘取各个文章中的经典言语，再加上自己的人生感悟所编纂的一本格言形式的小品文集，成书之后受到当时文人的青睐，更得到历代文人学者较高的赞誉。清代陈文敬赞扬这本书说道："端庄杂流漓，尔雅兼温文，有美斯臻，无奇不备。"而现今的文学研究者更是将这本书与王永彬的《围炉夜话》、洪应明的《菜根谭》并称为中国人修身养性的三大经典。

　　本书是精选版本，我们尽量多地结集经典篇章，加上必要的注释，以辅助阅读。

　　《小窗幽记》以"醒"开始，仿佛要给人当头棒喝，要惊醒这个世上还在彷徨、迷茫、不知所措的人们，整本书为世人带来的是中国悠悠历史中的智慧和思想结晶，表现的是古人丰厚的人生智慧和处世哲学。全书虽然成书于明代，其书意却贯穿古今，也许每一个人都能从书中找到自己想要的答案。

目录

第 一 卷　集醒 / 001

第 二 卷　集情 / 037

第 三 卷　集峭 / 058

第 四 卷　集灵 / 078

第 五 卷　集素 / 102

第 六 卷　集景 / 133

第 七 卷　集韵 / 148

第 八 卷　集奇 / 159

第 九 卷　集绮 / 166

第 十 卷　集豪 / 175

第十一卷　集法 / 190

第十二卷　集倩 / 205

第一卷　集醒

食中山之酒①，一醉千日。今世之昏昏逐逐，无一日不醉，无一人不醉，趋名者醉于朝，趋利者醉于野，豪者醉于声色车马，而天下竟为昏迷不醒之天下矣，安得一服清凉散②，人人解醒③，集醒第一。

【注释】

①中山之酒：传说中的一种烈性美酒。出自晋干宝《搜神记》："狄希，中山人也，能造千日酒，饮之千日醉。"

②清凉散：一种使人神清气爽的中药。

③醒：醉酒，身体不适。

1.1　倚高才而玩世，背后须防射影之虫①；饰厚貌以欺人，面前恐有照胆之镜②。

【注释】

①射影之虫：蜮，传说中一种能含沙射人的虫子。

②照胆之镜：传说秦宫有一面神镜，能照人五脏六腑。

1.2　怪小人之颠倒豪杰，不知惯颠倒①方为小人；惜吾辈之受世折磨，不知惟折磨乃见吾辈。

【注释】

①颠倒：混淆是非。

1.3 花繁柳密①处，拨得开，才是手段；风狂雨急②时，立得定，方见脚根。

【注释】

①花繁柳密：代指纷繁复杂的环境。

②风狂雨急：代指紧急危难的情形。

1.4 淡泊之守，须从秾艳场①中试来；镇定之操，还向纷纭境上勘②过。

【注释】

①秾艳场：指具备歌舞楼台的富贵之地。

②勘：勘察，考验。

1.5 市恩①不如报德之为厚，要誉②不如逃名之为适，矫情不如直节之为真。

【注释】

①市恩：同"施恩"，给别人恩惠希望回报。

②要誉：同"邀誉"，极力求取名声。

1.6 使人有面前之誉，不若使人无背后之毁；使人有乍交之欢，不若使人无久处之厌。

1.7 攻人之恶毋太严，要思其堪受；教人以善毋过高，当原其可从①。

【注释】

①原其可从：考虑他能做到什么地步。

1.8 不近人情，举世皆畏途；不察物情，一生俱梦境。

1.9 遇嘿嘿不语之士，切莫输心①；见悻悻自好②之徒，应须防口。

【注释】

①输心：放下戒备，推心置腹。

②悻悻自好：固执又自以为是。

1.10 结缨整冠之态，勿以施之焦头烂额之时；绳趋尺步之规①，勿以用之救死扶危之日。

【注释】

①绳趋尺步之规：行动举止合乎规范。出自《宋史·朱熹传》："方是时，士之绳趋尺步。"

1.11 议事者身在事外，宜悉利害之情；任事者身居事中，当忘利害之虑。

1.12 俭，美德也，过则为悭吝，为鄙啬，反伤雅道；让，懿①行也，过则为足恭，为曲谦②，多出机心。

【注释】

①懿：美好。

②曲谦：过度谦虚而显得不够正直。

1.13　藏巧于拙，用晦而明；寓清于浊，以屈为伸。

1.14　彼无望德，此无示恩，穷交所以能长；望不胜奢①，欲不胜餍②，利交所以必忤。

【注释】

①望不胜奢：期望没有止境。

②餍：满足。

1.15　怨因德彰，故使人德我，不若德怨之两忘；仇因恩立，故使人知恩，不若恩仇之俱泯。

1.16　天薄我福，吾厚吾德以迓①之；天劳我形，吾逸吾心以补之；天厄②我遇，吾亨吾道以通之。

【注释】

①迓：迎接。

②厄：通"隘"，窄小。

1.17　淡泊之士，必为秾艳者所疑；检饰①之人，必为放肆者所忌。事穷势蹙之人，当原其初心；功成行满之士，要观其末路。好丑心太明，则物不契；贤愚心太明，则人不亲。须是内精明而外浑厚，使好丑两得其平，贤愚共受其益，才是生成的德量②。

【注释】

①检饰：行为检点，慎重。

②生成的德量：成熟的道德修养。

1.18　好辩以招尤，不若讱^①默以怡性；广交以延誉，不若索^②居以自全；厚费以多营，不若省事以守俭；逞能以受妒，不若韬精以示拙。费千金而结纳贤豪，孰若倾半瓢之粟以济饥饿；构千楹^③而招徕宾客，孰若葺数椽之茅以庇孤寒。

【注释】

①讱：出言缓慢谨慎。

②索：单独。

③楹：房前的柱子，这里用作量词，指房屋的数量。

1.19　恩不论多寡，当厄的壶浆^①，得死力之酬；怨不在浅深，伤心的杯羹^②，召亡国之祸。

【注释】

①当厄的壶浆：典出《左传·宣公二年》，晋国名叫灵辄的人三天没有吃饭，赵盾给了他饭食救了他一命。后来晋灵公想要杀掉赵盾，于是在宫中埋伏好士兵，招赵盾来宫中赴宴。当时作为晋灵公甲士的灵辄临危倒戈，帮助赵盾逃脱。

②伤心的杯羹：典出《左传·宣公四年》，楚国人向郑灵公上贡鼋，郑灵公和士大夫一起吃，但唯独不给在宴的公子宋分享，公子宋生气吃了后就走了，郑灵公认为自己受辱，于是要杀公子宋，但没想到公子宋早有预谋，在那年夏天先动手杀了郑灵公。

1.20　仕途须赫奕^①，常思林下的风味，则权势之念自轻；世途须纷华，常思泉下^②的光景，则利欲之心自淡。

【注释】

①奕：盛大。

②泉下：九泉之下，地府。

1.21　居盈满者，如水之将溢未溢，切忌再加一滴；处危急者，如木之将折未折，切忌再加一搦^①。

【注释】

①搦：按下。

1.22　了心自了事，犹根拔而草不生；逃世不逃名，似膻存而蚋^①还集。

【注释】

①蚋：昆虫，蚊子。语出《通俗文》："小蚊曰蚋。"

1.23　情最难久，故多情人必至寡情；性自有常，故任性人终不失性。

1.24　才子安心草舍者，足登玉堂^①；佳人适意蓬门者，堪贮金屋。

【注释】

①玉堂：宫殿，唐宋之后是翰林院的雅称。

1.25　喜传语者，不可与语；好议事者，不可图事。

1.26　甘人之语，多不论其是非；激人之语，多不顾其利害。

1.27　真廉无廉名，立名者所以为贪；大巧无巧术，用术者所以为拙。

1.28　为恶而畏人知，恶中犹有善念；为善而急人不知，善处即是恶根。

1.29　谈山林之乐者，未必真得山林之趣；厌名利之谈者，未必尽忘名利之情。

1.30　从冷视热①，然后知热处之奔驰无益；从冗入闲，然后觉闲中之滋味最长。

【注释】

①从冷视热：以旁观者的角度看待名利场的钩心斗角。

1.31　贫士肯济人，才是性天①中惠泽；闹场能笃②学，方为心地③上工夫。

【注释】

①性天：与生俱来的本性。

②笃：专心。

③心地：佛教说法。

1.32　伏久者，飞必高；开先者，谢独早。

1.33　贪得者，身富而心贫；知足者，身贫而心富；居高者，形逸而神劳；处下者，形劳而神逸。

1.34　局量宽大，即住三家村^①里，光景不拘；智识卑微，纵居五都市^②中，神情亦促。

【注释】

①三家村：人烟稀少的山村。陆游诗中曰："偶失万户侯，遂老三家村。"

②五都市：繁华密集的大都市。

1.35　惜寸阴者，乃有凌铄^①千古之志；怜微才者，乃有驰驱豪杰之心。

【注释】

①凌铄：驾驭。

1.36　天欲祸人，必先以微福骄之，要看他会受；天欲福人，必先以微祸儆^①之，要看他会救。

【注释】

①儆：同"警"，使人警醒。

1.37　书图受俗子品题，三生浩劫；鼎彝与市人赏鉴，千古奇冤。脱颖之才，处囊而后见^①；绝尘之足，历块以方知^②。

【注释】

①脱颖之才，处囊而后见：有才能的人就像锥子，即使被装在麻袋里也会刺破麻袋被人发觉。典出《史记》，秦围邯郸，平

原君招募勇士出使楚国。毛遂自荐，脱颖而出。

②绝尘之足，历块以方知：良马只有像穿越土堆一样穿越都城，才能被人知晓。

1.38　结想奢华，则所见转多冷淡；实心清素，则所涉都厌尘氛。多情者，不可与定妍媸①；多谊者，不可与定取与。多气者，不可与定雌雄；多兴者，不可与定去住。

【注释】

①媸：丑。

1.39　世人破绽处，多从周旋处见；指摘①处，多从爱护处见；艰难处，多从贪恋处见。

【注释】

①指摘：受到批评。

1.40　凡情留不尽之意，则味深；凡兴留不尽之意，则趣多。

1.41　待富贵人，不难有礼①，而难有体②；待贫贱人，不难有恩，而难有礼。

【注释】

①礼：语言动作非常尊敬。

②体：语言动作非常恰当。

1.42　山栖是胜事，稍一萦恋，则亦市朝；书画赏鉴是雅事，稍一贪痴，则亦商贾；诗酒是乐事，稍一徇①人，则亦地狱；好客是豁达事，稍一为俗子所挠，则亦苦海。

【注释】

①徇：顺从，服从。

1.43　多读两句书，少说一句话，读得两行书，说得几句话。

1.44　看中人，在大处不走作①，看豪杰，在小处不渗漏。

【注释】

①走作：越轨。

1.45　留七分正经，以度生；留三分痴呆，以防死。

1.46　轻财足以聚人，律己足以服人，量宽足以得人，身先足以率人。

1.47　从极迷处识迷，则到处醒；将难放怀一放，则万境宽。

1.48　大事难事，看担当；逆境顺境，看襟度；临喜临怒，看涵养；群行群止，看识见。

1.49　安详是处事第一法，谦退是保身第一法，涵容①是处人第一法，洒脱是养心第一法。

【注释】

①涵容：包涵，宽容。

1.50 处事最当熟思缓处。熟思则得其情，缓处则得其当。

1.51 必能忍人不能忍之触忤，斯能为人不能为之事功。

1.52 轻与必滥取，易信必易疑。

1.53 积丘山之善，尚未为君子；贪丝毫之利，便陷于小人。

1.54 智者不与命斗，不与法斗，不与理斗，不与势斗。

1.55 良心在夜气清明之候，真情在箪食豆羹①之间。故以我索人，不如使人自反②；以我攻人，不如使人自露。

【注释】

①箪食豆羹：指粗糙的食物。箪，盛饭的竹器。豆，古代盛食物的器具。

②反：反省。

1.56 "侠"之一字，昔以之加义气①，今以之加挥霍②，只在气魄气骨之分。

【注释】

①义气：意志与气概。

②挥霍：洒脱。

1.57　不耕而食，不织而衣，摇唇鼓舌，妄生自非，故知无事人好生事。

1.58　才人经①世，能人取世，晓人逢世，名人垂世，高人玩世，达人出世。

【注释】

①经：治理。

1.59　宁为随世之庸愚，勿为欺世之豪杰。

1.60　沾泥带水之累，病根在一"恋"字；随方逐圆之妙，便宜在一"耐"字。

1.61　天下无不好谀之人，故诌之术不穷；世间尽是善毁之辈，故谗之路难塞。

1.62　进善言，受善言，如两来船，则相接耳。

1.63　清福上帝所吝，而习忙可以销福；清名上帝所忌，而得谤①可以销名。

【注释】

①谤：诋毁。

1.64　造谤者甚忙，受谤者甚闲。

1.65　蒲柳之姿，望秋而零；松柏之质，经霜弥茂。

1.66　人之嗜名节，嗜文章，嗜游侠，如好酒然。易动客气①，当以德消之。

【注释】

①客气：宋儒将心作为性的本体，因而将发乎血气的生理之性作为客气。

1.67　好谈闺闱①，及好讥讽者，必为鬼神所忌，非有奇祸，必有奇穷。

【注释】

①闺闱：闺房，这里借指闺阁之事。

1.68　神人之言微①，圣人之言简，贤人之言明，众人之言多，小人之言妄。

【注释】

①微：精妙。

1.69　士君子不能陶镕①人，毕竟学问中工力未透。

【注释】

①陶镕：影响。

1.70　有一言而伤天地之和，一事而折终身之福者，切须检点。能受善言，如市人求利，寸积铢累，自成富翁。

1.71　金帛多，只是博得垂老时子孙眼泪少，不知其他，知有争而已；金帛少，只是博得垂老时子孙眼泪多，亦不知其他，知有哀而已。

1.72　景不和，无以破昏蒙之气；地不和，无以壮光华之色①。

【注释】

①色：景色。

1.73　一念之善，吉神随之；一念之恶，厉鬼随之。知此可以役使鬼神。

1.74　出一个丧元气①进士，不若出一个积阴德平民。

【注释】

①丧元气：德行不够。

1.75　眉睫才交，梦里便不能张主；眼光落地①，泉下又安得分明。

【注释】

①眼光落地：死去。

1.76　佛只是个了①，仙也是个了，圣人了了不知了。不知了了是了了，若知了了便不了。

【注释】

①了：了解，明白，通悟。

1.77　万事不如杯在手，一年几见月当头。

1.78 忧疑杯底弓蛇①，双眉且展；得失梦中蕉鹿②，两脚空忙。

【注释】

①杯底弓蛇："杯弓蛇影"的典故。古时候有人喝酒时看到杯子里倒映出的墙上弓的影子，如同蛇一样，感觉害怕厌恶，所以不喝酒。后人用来比喻疑神疑鬼和胆小的人。

②梦中蕉鹿：常用来比喻人世真假难以定夺，得失无常。典出《列子·周穆王》，古时候郑国某人遇到一只鹿，击杀后怕人看到，于是把鹿藏了起来，但最后忘记藏在什么地方了，这样的好事只能像做梦一样了。

1.79 名茶美酒，自有真味。好事者，投香物佐之，反以为佳。此与高人韵士误堕尘网中何异？

1.80 花棚石磴，小坐微醺。歌欲独，尤欲细；茗欲频，尤欲苦。

1.81 善默即是能语，用晦即是处明①，混俗即是藏身，安心即是适境。

【注释】

①用晦即是处明：出自《易·明夷》："利艰贞，晦其明也。"指韬光养晦为晦明。

1.82 虽无泉石膏肓，烟霞①痼疾②，要识山中宰相③，天际真人④。

①烟霞：山水。

②痼疾：久治不愈的病症，比喻改不掉的习惯。

③山中宰相：隐居的贤者。典出《南史·陶弘景传》："国家每有吉凶征讨大事，无不前以咨询，月中常有数信，时人谓为山中宰相。"

④天际真人：天边修仙成道的人。

1.83　气收自觉怒平，神敛自觉言简，容人自觉味和，守静自觉天宁。

1.84　处事不可不斩截，存心不可不宽舒，持己不可不严明，与人不可不和气。

1.85　居不必无恶邻，会不必无损友，惟在自持者两得之。

1.86　要知自家是君子小人，只须五更头检点思想的是什么便得。

1.87　以理听言，则中有主；以道窒①欲，则心自清。

【注释】

①窒：抑制，控制。

1.88　先淡后浓，先疏后亲，先远后近，交友道也。

1.89　苦恼世上，意气须温；嗜欲场中，肝肠①欲冷。

【注释】

①肝肠：内心。

1.90　形骸非亲，何况形骸外之长物^①；大地亦幻，何况大地内之微尘。

【注释】

①长物：多余的东西。

1.91　人当溷^①扰，则心中之境界何堪；人遇清宁，则眼前之气象自别。

【注释】

①溷：混浊，不净。

1.92　寂而常惺^①，寂寂之境不扰；惺而常寂，惺惺之念不驰^②。

【注释】

①惺：领会。

②驰：丢失。

1.93　童子智少，愈少而愈完；成人智多，愈多而愈散。

1.94　无事便思有闲杂念头否，有事便思有粗浮意气否。得意便思有骄矜辞色否，失意便思有怨望情怀否。时时检点得到，从多入少，从有入无，才是学问的真消息。

1.95　笔之用以月计，墨之用以岁计，砚之用以世计。笔最锐，墨次之，砚钝者也。岂非钝者寿而锐者夭耶？笔最动，墨次之，砚静者也。岂非静者寿而动者夭乎？于是得养生焉。以钝为体，以静为用，唯其然是以能永年。

1.96　贫贱之人，一无所有，及临命终时，脱一"厌"字；富贵之人，无所不有，及临命终时，带一"恋"字。脱一"厌"字，如释重负；带一"恋"字，如担枷锁。

1.97　透得名利关，方是小休歇；透得生死关，方是大休歇。

1.98　人欲求道，须于功名上闹一闹方心死，此是真实语。

1.99　病至，然后知无病之快；事来，然后知无事之乐。故御病不如却病，完事不如省事。

1.100　讳①贫者死于贫，胜心使之也；讳病者死于病，畏心蔽之也；讳愚者死于愚，痴心覆之也。

【注释】

①讳：忌讳。

1.101　古之人，如陈玉石于市肆，瑕瑜不掩；今之人，如货古玩于时贾，真伪难知。

1.102　士大夫损德处，多由立名心太急。

1.103　多躁者，必无沉潜之识；多畏者，必无卓越之见；多欲者，必无慷慨之节；多言者，必无笃实之心；多勇者，必无文学之雅。

1.104 剖去胸中荆棘^①，以便人我往来，是天下第一快活世界。

【注释】

①荆棘：间隙，隔阂。

1.105 古来大圣大贤，寸针相对^①；世上闲言闲语，一笔勾销。

【注释】

①寸针相对：每一点都应该比照学习。

1.106 挥洒以怡情，与其应酬，何如兀^①坐；书札以达情，与其工巧^②，何若直陈；棋局以适情，与其竞胜，何若促膝；笑谈以怡情，与其谑浪^③，何若狂歌。

【注释】

①兀：单独，独自。

②工巧：做工精巧。

③谑浪：戏谑放荡。

1.107 拙之一字，免了无千罪过；闲之一字，讨了无万便宜。

1.108 斑竹^①半帘，惟我道心清似水；黄粱一梦^②，任他世事冷如冰。欲住世出世，须知机息机。

【注释】

①斑竹：竹子的一种，传说是舜的妃子娥皇、女英思念夫君，泪痕打湿竹子而成，也称为湘妃竹。

②黄粱一梦：黄粱米还没蒸熟，好梦就醒了，形容人生虚幻。典出《枕中记》，说卢生上京赶考，投宿后见主人刚开始蒸黄粱米，于是小憩片刻而入梦，梦中自己大起大落，惊醒后却发现主人的黄粱米还没有蒸熟。

1.109　书画为柔翰①，故开卷张册，贵于从容；文酒为欢场，故对酒论文，忌于寂寞。

【注释】

①柔翰：毛笔。

1.110　荣利造化，特以戏人，一毫着意，便属桎梏。

1.111　士人不当以世事分①读书，当以读书通世事。

【注释】

①分：占用。

1.112　天下之事，利害常相半。有全利而无小害者，惟书。

1.113　意在笔先①，向庖羲②细参易画；慧生牙后③，恍颜氏④冷坐书斋。

【注释】

①意在笔先：构思明确，胸有成竹后再下笔。典出王羲之

《题卫夫人笔阵图后》："夫欲书者，先干研墨，凝神静思，预想字形大小，偃仰平直振动，令筋脉相连，意在笔前，然后作字。"

②庖羲：伏羲。

③慧生牙后：拾人牙慧。

④颜氏：颜回。安贫乐道的代表。

1.114　明识红楼为无冢之邱垅，迷来认作舍生岩①；真知舞衣为暗动之兵戈，快去暂同试剑石。

【注释】

①舍生岩：佛家思想中一座山崖，跳下去可以得到解脱。

1.115　调性之法，须当似养花天①；居②才之法，切莫如妒花雨。

【注释】

①养花天：指春末牡丹开花的时节。

②居：培养，养护。

1.116　事忌脱空，人怕落套。

1.117　烟云堆里浪荡子，逐日称仙；歌舞丛中淫欲身，几时得度。

1.118　山穷鸟道，纵藏花谷少流莺；路曲羊肠，虽覆柳阴难放马。

1.119　能于热地思冷，则一世不受凄凉；能于淡处求浓，则终身不落枯槁。

1.120　会心之语，当以不解解之；无稽之言，是在不听听耳。

1.121　佳思^①忽来，书能下酒；侠情一往，云可赠人。

【注释】

①佳思：灵感。

1.122　蔼然可亲，乃自溢之冲和，妆^①不出温柔软款^②；翘然^③难下，乃生成之倨傲，假不得逊顺从容。

【注释】

①妆：同"装"。

②软款：柔软，温柔。

③翘然：昂首阔步的样子。

1.123　风流得意，则才鬼独胜顽仙；孽债为烦，则芳魂毒于虐祟。

1.124　极难处是书生落魄，最可怜是浪子白头。

1.125　世路如冥，青天障蚩尤之雾^①；人情如梦，白日蔽巫女之云^②。

【注释】

①蚩尤之雾：传说蚩尤曾与黄帝在涿鹿大战，制造迷雾大阵使黄帝部队找不到方向，最终黄帝造指南车破其雾阵。

②巫女之云：传说古代巫山神女行云布雨，这里也取"巫山云雨"的意思。

1.126　密交，定有夙缘，非以鸡犬盟也；中断，知其缘尽，宁关萋菲^①间之。

【注释】

①萋菲：同"萋斐"，错综复杂的花纹，比喻流言蜚语。

1.127　堤防不筑，尚难支移壑之虞^①；操存不严，岂能塞横流之性。发端无绪，归结还自支离；入门一差，进步终成恍惚。

【注释】

①虞：忧虑。

1.128　打诨^①随时^②之妙法，休嫌终日昏昏；精明当事之祸机，却恨一生了了。藏不得是拙，露不得是丑。

【注释】

①打诨：说笑话。

②随时：顺应时势。

1.129　形同隽石，致^①胜冷云，决非凡士；语学娇莺，态摹媚柳，定是弄臣。

【注释】

①致：意态。

1.130　开口辄生雌黄^①月旦之言，吾恐微言将绝；捉笔便惊缤纷绮丽之饰，当是妙处不传。

①雌黄：矿物，可制成褪色剂，古代用于涂改文字。

1.131　风波肆险，以虚舟①震撼，浪静风恬；矛盾相残，以柔指解分，兵销戈倒。

【注释】

①虚舟：虚怀若谷的心态。

1.132　豪杰向简淡中求，神仙从忠孝上起。

1.133　人不得道，生死老病四字关，谁能透过？独美人名将老病之状，尤为可怜。

1.134　日月如惊丸①，可谓浮生矣，惟静卧是小延年；人事如飞尘，可谓劳攘②矣，惟静坐是小自在。

【注释】

①惊丸：惊飞的弹丸。

②劳攘：纷扰，烦躁。

1.135　平生不作皱眉事，天下应无切齿人。

1.136　暗室之一灯，苦海之三老①，截疑网之宝剑，抉盲眼之金针。

【注释】

①三老：古代在地方设立"三老"制度，由五十岁以上老人担任，表示尊敬老人。

1.137 攻取之情化，鱼鸟亦来相亲；悖戾之气销，世途不见可畏。吉人安详，即梦寐神魂无非和气；凶人狠戾，即声音笑语浑是杀机。

1.138 天下无难处之事，只要两个如之何①；天下无难处之人，只要三个必自反②。

【注释】

①两个如之何：典出楚汉相争之时，项羽率领大军至函谷关，想要一举消灭刘邦。刘邦问张良"为之奈何""且为之奈何"。意思是广开言路，广纳善言。

②三个必自反：典出《论语》中的"三省吾身"。

1.139 能脱俗便是奇，不合污便是清。处巧若拙，处明若晦，处动若静。

1.140 参玄借以见性，谈道借以修真。

1.141 世人皆醒时作浊事，安得睡时有清身？若欲睡时得清身，须于醒时有清意。

1.142 好读书非求身后之名，但异见异闻，心之所愿。是以孜孜搜讨，欲罢不能，岂为声名劳七尺也。

1.143 一间屋，六尺地，虽没庄严，却也精致。蒲作团，衣作被，日里可坐，夜间可睡。灯一盏，香一炷，石磬数声，木鱼几击。龛常关，门常闭，好人放来，恶人回避。发不除，荤不忌，道人心肠，儒者服制。不贪名，不图利，了清静缘，作解脱计。无挂碍，无拘系，闲便入来，忙便出去。省闲非，省闲气，也不游方^①，也不避世。在家出家，在世出世。佛何人，佛何处？此即上乘，此即三昧^②。日复日，岁复岁，毕我这生，任他后裔。

【注释】

①游方：云游四海。

②三昧：佛家用语，意为摒除杂念，专心致志。

1.144　草色花香，游人赏其真趣；桃开梅谢，达士悟其无常。

1.145　招客留宾，为欢可喜，未断尘世之扳援^①；浇花种树，嗜好虽清，亦是道人之魔障。

【注释】

①扳援：攀附。

1.146　人常想病时，则尘心便减；人常想死时，则道念自生。

1.147　入道场^①而随喜，则修行之念勃兴；登丘墓而徘徊，则名利之心顿尽。

【注释】

①道场：道士、和尚修行或做法事的场所。

1.148　铄金^①玷玉，从来不乏乎谗人；洗垢索瘢^②，尤好求多于佳士。止作秋风过耳^③，何妨尺雾障天。

【注释】

①铄金：取自"众口铄金"，谓伤人的谗言。

②瘢：斑点。

③秋风过耳：形容和自己无关，毫不在意。

1.149　真放肆不在饮酒高歌，假矜持偏于大庭卖弄。看明世事透，自然不重功名；认得当下真，是以常寻乐地。

1.150　富贵功名，荣枯得丧，人间惊见白头；风花雪月，诗酒琴书，世外喜逢青眼①。

【注释】

①青眼：比喻知己，意气相投的朋友。典出阮籍，阮籍家中有丧，开始嵇喜来吊丧，阮籍认为他是俗士，于是白眼相待。之后嵇喜的弟弟嵇康来吊，阮籍知道嵇康乃是名士，则青眼相待。

1.151　欲不除，似蛾扑灯，焚身乃止；贪无了，如猩嗜酒，鞭血方休。涉江湖者，然后知波涛之汹涌；登山岳者，然后知蹊径之崎岖。

1.152　人生待足何时足，未老得闲始是闲。

1.153　谈空反被空迷，耽①静多为静缚。

【注释】

①耽：沉迷。

1.154　旧无陶令①酒巾，新撇张颠②书草。何妨与世昏昏，只问君心了了。

【注释】

①陶令：陶渊明。

②张颠：草书名家张旭，有"草圣"之誉。

1.155　以书史为园林，以歌咏为鼓吹，以理义为膏粱，以著述为文绣，以诵读为菑畲①，以记问为居积，以前言往行为师友，以忠信笃敬为修持，以作善降祥为因果，以乐天知命为西方。

【注释】

①菑畲：耕耘。

1.156　云烟影里见真身，始悟形骸为桎梏；禽鸟声中闻自性，方知情识是戈矛。

1.157　事理因人言①而悟者，有悟还有迷，总不如自悟之了了；意兴从外境而得者，有得还有失，总不如自得之休休。

【注释】

①因人言：依靠别人的话（理解）。

1.158　白日欺人，难逃清夜之愧赧①；红颜失志，空遗皓首②之悲伤。定云止水中，有鸢飞鱼跃的景象；风狂雨骤处，有波恬浪静的风光。

【注释】

①赧：脸红。

②皓首：白头。

1.159　平地坦途，车岂无蹶；巨浪洪涛，舟亦可渡。料无事必有事，恐有事必无事。

1.160　富贵之家，常有穷亲戚来往，便是忠厚。

1.161　朝市山林俱有事，今人忙处古人闲。

1.162　人生有书可读，有暇得读，有资能读，又涵养之，如不识字人，是谓善读书者。享世间清福，未有过于此也。

1.163　世上人事无穷，越干越做不了；我辈光阴有限，越闲越见清高。

1.164　两刃相迎俱伤，两强相敌俱败。

1.165　我不害人，人不害我；人之害我，由我害人。

1.166　商贾不可与言义，彼溺于利；农工不可与言学，彼偏于业；俗儒不可与言道，彼谬于词。

1.167　博览广识见，寡交少是非。

1.168　明霞可爱，瞬眼而辄空；流水堪听，过耳而不恋。人能以明霞视美色，则业障①自轻；人能以流水听弦歌，则性灵何害。休怨我不如人，不如我者常众；休夸我能胜人，胜如我者更多。

【注释】

①业障：佛教中所指的罪业。

1.169　人心好胜，我以胜应必败；人情好谦，我以谦处反胜。

1.170　人言天不禁人富贵，而禁人清闲，人自不闲耳，若能随遇而安，不图将来，不追既往，不蔽目前，何不清闲之有？

1.171　暗室贞邪①谁见，忽而万口喧传；自心善恶炯然，凛②于四王③考校。

【注释】

①贞邪：忠贞与邪恶。

②凛：严肃。

③四王：佛教中的四大天王。

1.172　寒山①诗云："有人来骂我，分明了了知，虽然不应对，却是得便宜。"此言宜深玩味。

【注释】

①寒山：寒山子，唐代著名隐逸诗人。

1.173　恩爱，吾之仇也；富贵，身之累也。

1.174　冯谖之铗①，弹老无鱼；荆轲之筑②，击来有泪。

【注释】

①冯谖之铗：比喻怀才不遇的人渴望得到恩遇。典出《战国策·齐策四》，齐人冯谖作为孟尝君的门客，起初没有受到重用，

三次弹其铗说自己没有足够的食物，没有代步的车马，没有地方住，后来受到孟尝君重用，倾心辅助孟尝君。

②荆轲之筑：出自《战国策·燕策三》："高渐离击筑，荆轲和而歌，为变徵之声，士皆垂泪涕泣。"

1.175 以患难心居安乐，以贫贱心居富贵，则无往不泰矣；以渊谷视康庄，以疾病视强健，则无往不安矣。

1.176 有誉于前，不若无毁于后；有乐于身，不若无忧于心。

1.177 富时不俭贫时悔，潜时不学用时悔，醉后狂言醒时悔，安不将息①病时悔。

【注释】

①将息：调息。

1.178 寒灰内半星之活火，浊流中一线之清泉。

1.179 攻玉于石，石尽则玉出；淘金于沙，沙尽则金露。

1.180 乍交不可倾倒，倾倒则交不终；久与不可隐匿，隐匿则心必嶮。

1.181 丹之所藏者赤，墨之所藏者黑。

1.182 懒可卧，不可风①；静可坐，不可思；闷可对，不可独；劳可酒，不可食；醉可睡，不可淫。

【注释】

①风：行走。

1.183　书生薄命原同妾，丞相怜才不论官。

1.184　少年灵慧，知抱夙根①；今生冥顽，可卜来世。

【注释】

①夙根：前世的慧根。

1.185　拨开世上尘氛，胸中自无火炎冰兢；消却心中鄙吝，眼前时有月到风来。

1.186　尘缘割断，烦恼从何处安身；世虑潜消，清虚向此中立脚。市争利，朝争名，盖棺日何物可殉蒿里①；春赏花，秋赏月，荷锸时②此身常醉蓬莱。

【注释】

①蒿里：死人所葬的地方。蒿，同"薧"。

②荷锸时：扛着铁锄，随时准备将死者埋葬。典出《晋书·刘伶传》，刘伶每次乘坐鹿车出游，都会带上一壶酒，同时让人荷锸跟随着，并扬言如果自己死了，就地掩埋即可。

1.187　驷马难追，吾欲三缄其口；隙驹易过，人当寸惜乎阴。

1.188　万分廉洁，止是小善；一点贪污，便为大恶。

1.189　炫奇①之疾，医以平易；英发之疾，医以深沉；阔大②之疾，医以充实。

【注释】

①炫奇：标新立异。

②阔大：本意为博学且气度宽宏，这里指华而不实。

1.190　才舒放即当收敛，才言语便思简默。

1.191　贫不足羞，可羞是贫而无志；贱不足恶，可恶是贱而无能；老不足叹，可叹是老而虚生；死不足悲，可悲是死而无补①。

【注释】

①无补：没有益处。

1.192　身要严重①，意要闲定；色要温雅，气要和平；语要简徐，心要光明；量要阔大，志要果毅；机要缜密，事要妥当。

【注释】

①严重：严肃且庄重。

1.193　富贵家宜学宽，聪明人宜学厚。

1.194　休委罪于气化①，一切责之人事②；休过望于世间，一切求之我身。

【注释】

①气化：世事变迁，这里指人的命运。

②人事：自己该做的事。

1.195　世人白昼寐语，苟能寐中作白昼语，可谓常惺惺①矣。

【注释】

①惺惺：清醒的样子。

1.196 观世态之极幻，则浮云转有常情；咀世味之昏空，则流水翻多浓旨①。

【注释】

①浓旨：浓烈的美味。

1.197 大凡聪明之人，极是误事，何以故？惟其聪明生意见，意见一生，便不忍舍割。往往溺于爱河欲海者，皆极聪明之人。

1.198 是非不到钓鱼处，荣辱常随骑马人。

1.199 名心未化，对妻孥①亦自矜庄；隐衷②释然，即梦寐皆成清楚。

【注释】

①孥：儿女。

②衷：想法，念头。

1.200 观苏季子①以贫穷得志，则负郭二顷田，误人实多；观苏季子以功名杀身，则武安六国相印，害人不浅。

【注释】

①苏季子：苏秦，字季子。

1.201 名利场中难容伶俐，生死路上正要胡涂。

1.202　一杯酒留万世名，不如生前一杯酒①，自身行乐耳，遑恤其他；百年人做千年调，至今谁是百年人，一棺戢②身，万事都已。

【注释】

①一杯酒留万世名，不如生前一杯酒：典出《世说新语·任诞》，有人问张季鹰："你现在纵横一时，难道不为以后着想吗？"张季鹰回答："为以后着想太多，比不上换取现在手中的一杯酒。"

②戢：收藏。

1.203　郊野非葬人之处，楼台是为丘墓；边塞非杀人之场，歌舞是为刀兵。试观罗绮纷纷，何异旌旗密密；听管弦冗冗，何异松柏萧萧。葬王侯之骨，能消几处楼台；落壮士之头，经得几番歌舞。达者统为一观，愚人指为两地。

1.204　节义傲青云，文章高白雪。若不以德性陶熔之，终为血气之私，技能之末。

1.205　我有功于人，不可念，而过则不可不念；人有恩于我，不可忘，而怨则不可不忘。

1.206　径路窄处，留一步与人行；滋味浓的，减三分让人嗜。此是涉世一极安乐法。

1.207　己情不可纵，当用逆之法制之，其道在一"忍"字；人情不可拂，当用顺之法调之，其道在一"恕"字。

1.208　昨日之非不可留，留之则根烬复萌，而尘情终累乎理趣；今日之是不可执，执之则渣滓未化，而理趣反转为欲根。

1.209　文章不疗山水癖，身心每被野云羁^①。

【注释】

①羁：羁绊，束缚。

第二卷　集情

语云，当为情死，不当为情怨。明乎情者，原可死而不可怨者也。虽然，既云情矣，此身已为情有，又何忍死耶？然不死终不透彻耳。韩翃之柳①，崔护之花②，汉宫之流叶③，蜀女之飘梧④，令后世有情之人咨嗟想慕，托之语言，寄之歌咏；而奴无昆仑⑤，客无黄衫⑥，知己无押衙⑦，同志无虞侯，则虽盟在海棠，终是陌路萧郎⑧耳。集情第二。

【注释】

①韩翃之柳：典出唐代许尧佐《柳氏传》。安史之乱中韩翃与爱妾柳氏失散，由于两人原本十分恩爱，柳氏为保贞洁，出家为尼。后来韩翃曾寄书信给柳氏询问她是否还爱着自己，是否芳心已经另有所属，而柳氏回信说她一直在等待韩翃。后来，番将沙咤利特平反有功强抢柳氏，柳拒不从，最终虞侯巧设计策，韩、柳二人才终得团聚。

②崔护之花：典出《本事诗·情感》："去年今日此门中，人面桃花相映红。人面不知何处去，桃花依旧笑春风。"讲述崔护在清明时节到城南郊游，遇到一个心仪的女子，第二年清明再到

这里来的时候，没有遇到，十分感慨。

③汉宫之流叶：典出唐范摅《云溪友议》。唐宣宗时，卢渥前往京城赶考，途中在御沟的流水中洗手，在清冽的水中忽然发现一片较大的红叶上面有墨印。他随手将叶子取出，发现红叶上竟然题着一首诗："流水何太急，深宫尽日闲。殷勤谢红叶，好去到人间。"后来唐宣宗将一部分宫女送出宫外，许配给官吏，卢渥又恰巧得到那位题诗于红叶之上的女子。

④蜀女之飘梧：典出前蜀金利用《玉溪编事》，书中记载，尚书侯继图的妻子曾在梧桐叶上书写相思的诗词，之后得偿所愿与侯继图成婚，完成了自己书写在梧桐树叶上的爱情愿望。

⑤奴无昆仑：典出唐代裴铏的传奇小说《昆仑奴》。唐代大历年间，崔生奉父亲的命令去拜见一位官员，在酒宴之上，这位官员让一位美姬红绡为崔生献酒，崔生对红绡一见钟情。回到家后崔生告诉昆仑奴摩勒自己对美姬的爱慕，摩勒最终将红绡从勋臣府中偷出。

⑥客无黄衫：典出唐代蒋防的传奇小说《霍小玉传》。霍小玉作为当时著名的才女，与才子李益互许终身，之后李益无情将霍小玉抛弃，霍小玉忧郁成疾。侠士黄衫客了解其中原委之后，把李益挟持到霍小玉面前。霍小玉见到李益后，心中百感交集而亡。

⑦押衙：典出唐传奇《无双传》。尚书之女刘无双与贫寒书生王仙客在押衙的帮助下有情人终成眷属。

⑧陌路萧郎：典出唐代范摅《云溪友议》："侯门一入深似

海，从此萧郎是路人。"崔郊本是一介书生，在姑母家与婢女相遇并相爱，后来姑母家道中落将婢女卖给连帅。崔郊伤心不已，两人相见泣不成语。最后连帅知道此事，就将婢女归还给崔郊，两人终成眷属。

2.1　几条杨柳，沾来多少啼痕；三叠阳关①，唱彻古今离恨。

【注释】

①三叠阳关：典出王维的《渭城曲》，又名《送元二使安西》，后来被收入乐府，成为著名的送别诗。几枝杨柳，沾上了多少离别之泪，《三叠阳关》唱尽了古往今来的离情别恨。

2.2　世无花月美人，不愿生此世界。

2.3　荀令君①至人家，坐处常三日香。

【注释】

①荀令君：荀彧。

2.4　罄南山之竹，写意无穷；决东海之波，流情不尽；愁如云而长聚，泪若水以难干。

2.5　弄绿绮之琴①，焉得文君②之听；濡彩毫之笔，难描京兆之眉。瞻云望月，无非凄怆之声；弄柳拈花，尽是销魂之处。

【注释】

①绿绮之琴：古琴名，司马相如的琴。傅玄《琴赋序》中有

云："齐桓公有鸣琴曰号钟，楚庄王有鸣琴曰绕梁，中世司马相如有绿绮，蔡邕有焦尾，皆名器也。"

②文君：卓文君。

2.6　悲火常烧心曲，愁云频压眉尖。

2.7　五更三四点，点点生愁；一日十二时，时时寄恨。

2.8　燕约莺期，变作鸾悲凤泣；蜂媒蝶使，翻成绿惨红愁。

2.9　花柳深藏淑女居，何殊弱水三千^①；雨云不入襄王梦，空忆十二巫山^②。

【注释】

①弱水三千：典出《十洲记》："凤麟洲在西海之中央……洲四面有弱水绕之，鸿毛不浮，不可越也。"

②"雨云不入"两句：语出宋玉《高唐赋》楚怀王与巫山神女相会的故事，襄王即楚怀王，十二巫山即指巫山十二峰。

2.10　枕边梦去心亦去，醒后梦还心不还。

2.11　万里关河，鸿雁来时悲信断；满腔愁绪，子规啼处忆人归。

2.12　千叠云山千叠愁，一天明月一天恨。

2.13　豆蔻^①不消心上恨，丁香^②空结雨中愁。

【注释】

①豆蔻：豆蔻年华，指十三四岁的女孩。

②丁香：果实由两片如同鸡舌的子叶合抱而成，就像同心结一样，因此丁香暗指忧愁。唐代李商隐《代赠》："芭蕉不解丁香结，同向春风各自愁。"

2.14　月色悬空，皎皎明明，偏自照人孤另；蛩声①泣露，啾啾唧唧，都来助我愁思。

【注释】

①蛩声：蟋蟀叫声。

2.15　慈悲筏，济人出相思海；恩爱梯，接人下离恨天。

2.16　费长房①，缩不尽相思地；女娲氏，补不完离恨天。

【注释】

①费长房：相传费长房曾经跟随壶公学道修行，能够医治百病，还会缩地术，缩地行走十分迅速。

2.17　孤灯夜雨，空把青年误。楼外青山无数，隔不断新愁来路。

2.18　黄叶无风自落，秋云不雨长阴。天若有情天亦老，摇摇幽恨难禁①。惆怅旧欢如梦，觉来无处追寻。

【注释】

①禁：忍受。

2.19　蛾眉未赎，谩劳①桐叶寄相思；潮信难通，空向桃花寻往迹②。

【注释】

①谩劳：徒劳。

②空向桃花寻往迹：典出《本事诗·情感》中崔护的故事。崔护曾在清明之时到城南游赏，看到一位清丽脱俗的女子。第二年为了再次见到这个女子，同一时间再次来到城南，故地重游时桃花依旧，门墙如故，但再也没有见到心中的女子，因此题诗："去年今日此门中，人面桃花相映红。人面不知何处去，桃花依旧笑春风。"

2.20　野花艳目，不必牡丹；村酒醉人，何须绿蚁。

2.21　琴罢辄举酒，酒罢辄吟诗。三友递相引，循环无已时。

2.22　阮籍邻家少妇有美色，当垆沽酒，籍尝诣饮，醉便卧其侧。隔帘闻坠钗声，而不动念①者，此人不痴则慧，我幸在不痴不慧中。

【注释】

①念：邪念。

2.23　桃叶题情，柳丝牵恨。胡天胡帝，登徒于焉怡目；为云为雨，宋玉因而荡心。轻泉刀若土壤，居然翠袖之朱家，重然诺如邱山，不忝红妆之季布。

2.24　蝴蝶长悬孤枕梦，凤凰不上断弦鸣。

2.25　吴妖小玉飞作烟①，越艳西施化为土②。

①吴妖小玉飞作烟：典出《搜神记》。女子紫玉与书生韩重情投意合，但紫玉是吴王夫差的女儿，因身份差距遭到吴王阻止，后紫玉以身殉情。得知紫玉死讯后韩重前往凭吊，紫玉魂魄现身，其母爱女心切上前欲留住紫玉，可是紫玉却化作一缕青烟消失了。

②越艳西施化为土：典出西施与范蠡的故事。越国被吴国灭后，越王将西施送给了吴王，最终越王勾践卧薪尝胆复国成功之后，西施与范蠡也得到了较好的结局。

2.26　妙唱非关舌，多情岂在腰？

2.27　孤鸣翱翔以不去，浮云黯霭而徘徊。

2.28　楚王宫里，无不推其细腰①；魏国佳人，俱言讶其纤手②。

【注释】

①"楚王宫里"两句：典出《韩非子·二柄》："楚灵王好细腰，而国中多饿人。"

②"魏国佳人"两句：典出《诗经·魏风·葛屦》："掺掺女手，可以缝裳。"

2.29　传鼓瑟于杨家①，得吹箫于秦女②。

【注释】

①传鼓瑟于杨家：语出徐陵《玉台新咏序》中杨恽妻子夸赞的句子："家本秦人，能为秦声；妇赵女也，雅善鼓瑟。"

②得吹箫于秦女：语出徐陵《玉台新咏序》中"萧史弄玉"的句子："萧史善吹箫，作凤鸣。秦穆公以女弄玉妻之，作凤楼，教弄玉吹箫，感凤来集，弄玉乘凤，萧史乘龙，夫妇同仙去。"

2.30　春草碧色，春水绿波。送君南浦，伤如之何①。

【注释】

①"春草碧色"四句：语出江淹《别赋》，代表离别。南浦，语出屈原《九歌》："子交手兮东行，送美人兮南浦。"泛指送别或者离别的地方。

2.31　玉树以珊瑚作枝，珠帘以玳瑁为柙。

2.32　东邻巧笑，来侍寝于更衣；西子微颦，将横陈于甲帐。

2.33　骋纤腰于结风，奏新声于度曲。妆鸣蝉之薄鬓，照堕马之垂鬟。金星与婺女争华，麝月共嫦娥竞爽。惊鸾冶袖，时飘韩掾之香；飞燕长裾，宜结陈王之佩。轻身无力，怯南阳之捣衣；生长深宫，笑扶风之织锦。

2.34　青牛帐①里，余曲既终。朱鸟窗②前，新妆已竟③。

【注释】

①青牛帐：帐上画有青牛，古代认为青牛可以避邪。

②朱鸟窗：典出《博物志》："王母将于九华殿，王母索七桃，以五枚以帝，母食二枚，时东方朔窃从殿南厢朱鸟牖中窥王母。"

③竟：完毕。

2.35　山河绵邈，粉黛若新。椒华承彩，竟虚待月之帘^①；夸骨^②埋香，谁作双鸾之雾。

【注释】

①椒华承彩，竟虚待月之帘：语出《拾遗记·周灵王》："越又有美女二人……贡于吴，吴处以椒华之房，贯细珠为帘幌。"

②夸骨：指女子的尸骨。

2.36　蜀纸麝煤^①添笔媚，越瓯犀液^②发茶香。风飘乱点更筹转，拍送繁弦曲破长。

【注释】

①麝煤：指麝墨。

②犀液：桂花水。

2.37　教移兰烬^①频羞影，自试香汤^②更怕深。初似染花难抑按，终忧沃雪不胜任^③，岂知侍女帏帱外，赚取君王数饼金。

【注释】

①兰烬：蜡烛燃烧后的灰烬。因为形状比较像兰花，因此称为兰烬。

②香汤：指用于沐浴的水。

③不胜任：不能忍受。

2.38　静中楼阁春深雨，远处帘栊半夜灯。

2.39　绿屏无睡秋分簟^①，红叶伤时月午^②楼。

【注释】

①簟：竹席。

②月午：月半时分。

2.40　但觉夜深花有露，不知人静月当楼。何郎烛暗谁能咏①，韩寿香薰②亦任偷。

【注释】

①何郎烛暗谁能咏：语出魏晋南北朝时期南朝梁诗人何逊的诗句："夜雨滴空阶，晓灯暗离室。"表达离别之时的感伤情怀。

②韩寿香薰：典出晋代美男子韩寿。韩寿起初在贾充门下任司空掾，之后与贾充之女互生情愫，贾女将西域上供给贾充的香料赠给韩寿作为礼物，最终贾充闻到韩寿身上的异香，明白二人情根深种，无奈之下，只能将自己的女儿许配给了韩寿。

2.41　阆苑①有书多附鹤，女床无树不栖鸾。星沉海底当窗见，雨过河源隔座看。

【注释】

①阆苑：传说中神仙居住的地方，多有仙鹤栖居。

2.42　风阶拾叶，山人茶灶劳薪；月径聚花，素士吟坛绮席。

2.43　当场笑语，尽如形骸外之好人；背地风波，谁是意气中之烈士①。

①烈士：此处指能够仗义执言的正直之人。

2.44 山翠扑帘，卷不起青葱①一片；树阴流径，扫不开芳影几重。

【注释】

①青葱：郁郁葱葱。

2.45 珠帘蔽月，翻窥窈窕之花；绮幔藏云，恐碍扶疏之柳①。

【注释】

①扶疏之柳：借柳来喻指身姿曼妙的女子。

2.46 幽堂昼深，清风忽来好伴；虚窗夜朗，明月不减故人。

2.47 多恨赋花，风瓣乱侵笔墨；含情问柳，雨丝牵惹衣裾。

2.48 亭前杨柳，送尽到处游人；山下蘼芜，知是何时归路。

2.49 天涯浩渺，风飘四海之魂；尘士流离，灰染半生之劫。

2.50 蝶憩香风，尚多芳梦；鸟沾红雨①，不任娇啼。

【注释】

①红雨：被雨打落的花瓣同雨一齐落下，称为"红雨"。

2.51　幽情化而石立^①，怨风结而冢青^②。千古空闺之感，顿令薄幸惊魂。

【注释】

①幽情化而石立：典出《幽明录》。相传古代有位妇人，丈夫外出从役，她前住北山相送，在北山上望着丈夫远行的背影，时间长了就变成了一块石头立在了山崖上面。

②怨风结而冢青：典出"昭君出塞"。相传昭君出塞之时，曾经弹奏琵琶诉说衷情，十分哀怨，后来死后埋骨黑河之畔，早晚都会有愁云怨雾笼罩在她的坟冢之上。

2.52　一片秋山，能疗病容；半声春鸟，偏唤愁人。

2.53　李太白酒圣，蔡文姬书仙，置之一时，绝妙佳偶。

2.54　华堂今日绮筵开，谁唤分司御史来。忽发狂言惊满座，两行红粉一时回。

2.55　缘之所寄，一往而深。故人恩重，来燕子于雕梁；逸士情深，托凫雏^①于春水。好梦难通，吹散巫山云气^②；仙缘未合，空探游女珠光^③。

【注释】

①凫雏：幼小的凫鸟。

②"好梦难通"两句：语出宋玉《高唐赋》中楚怀王巫山云雨的典故。

③"仙缘未合"两句：语出《文选·江赋》引《韩诗内

传》："郑交甫遵游彼汉皋台下，遇二女，与言曰：'愿请子之佩。'二女与交甫，交甫受而怀之，超然而去。十步循探之，即亡矣。回顾二女，亦即亡矣。"

2.56　桃花水泛，晓妆宫里腻胭脂①；杨柳风多，堕马②结中摇翡翠。

【注释】

①晓妆宫里腻胭脂：典出唐代杜牧《阿房宫赋》："明星荧荧，开妆镜也；绿云扰扰，梳晓鬟也；渭流涨腻，弃脂水也；烟余雾横，焚椒兰也。"

②堕马：古代妇女的一种发式。

2.57　对妆则色殊，比兰则香越。泛明彩于宵波，飞澄华于晓月。

2.58　纷弱叶而凝照，竞新藻而抽英①。

【注释】

①抽英：开花。

2.59　手巾还欲燥，愁眉即使开。逆想行人①至，迎前含笑来。

【注释】

①行人：游子。

2.60　逶迤洞房，半入宵梦。窈窕闲馆，方增客愁。

2.61　悬媚子于搔头，拭钗梁于粉絮。

2.62　临风弄笛，栏杆上桂影^①一轮；扫雪烹茶，篱落边梅花数点。

【注释】

①桂影：代指月亮。

2.63　银烛轻弹，红妆笑倚，人堪惜情更堪惜；困雨花心，垂阴柳耳，客堪怜春亦堪怜。

2.64　肝胆谁怜，形影自为管鲍^①；唇齿相济，天涯孰是穷交。兴言及此，辄欲再广绝交之论，重作署门之句^②。

【注释】

①管鲍：管仲与鲍叔牙。二人志趣相投、情谊深厚，堪称至交，鲍叔牙辅佐齐桓公，后举荐管仲，二人共同辅佐齐桓公成就霸业，二人的知交也一向为后人所咏叹。

②署门之句：典出《史记·汲郑列传》。翟公身为廷尉的时候，每日登门造访的人甚多，堪称门庭若市；待翟公被罢黜之后，几乎没有人再来拜访了，堪称门可罗雀。后来翟公再次被起用为廷尉，又有很多人来造访。翟公经历过大起大落之后深有感慨，于是在大门上写道："一生一死，乃知交情；一贫一富，乃知交态；一贵一贱，交情乃见。"

2.65　燕市之醉泣^①，楚帐之悲歌^②，歧路之涕零^③，穷途之恸哭^④。每一退念及此，虽在千载之后，亦感慨而兴嗟。

【注释】

①燕市之醉泣：典出《史记·刺客列传》荆轲与高渐离相交的故事。荆轲与高渐离为至交，两人在燕国集市上饮酒，喝醉了之后，高渐离击筑，荆轲和着筑声高歌，可是之后两个人都在对方眼中看到了心底的落寞和寂寥，同时还夹杂着一种悲愤，最终相对而泣。

②楚帐之悲歌：典出"霸王别姬"。项羽与刘邦相争，项羽被困将亡，四面楚歌，慷慨悲歌："力拔山兮气盖世，时不利兮骓不逝。骓不逝兮可奈何，虞兮虞兮奈若何！"

③歧路之涕零：语出《文选·北山移文》李善注引《淮南子》："杨子见歧路而哭之，为其可以南，可以北。"

④穷途之恸哭：典出阮籍穷途之哭。阮籍经常驾车肆意周游，不顾周边的一切而向前奔驰，车到前面没有路可以走的时候，就痛哭继而返回。

2.66 陌上繁华，两岸春风轻柳絮；闺中寂寞，一窗夜雨瘦梨花。

2.67 芳草归迟，青骢别易，多情成恋，薄命何嗟。要亦人各有心，非关女德善怨。

2.68 山水花月之际，看美人更觉多韵。非美人借韵于山水花月也，山水花月直借美人生韵耳。

2.69 深花枝，浅花枝，深浅花枝相间时。花枝难似伊。巫山高，巫山低，暮雨潇潇郎不归。空房独守时。

2.70 青娥①皓齿别吴娃，梅粉妆②成半额黄。罗屏绣幄围寒玉，帐里吹笙学凤凰③。

【注释】

①青娥：年轻的美丽女子。

②梅粉妆：古代女子的一种妆式，在额头上画上梅花，即是梅粉妆。

③帐里吹笙学凤凰：典出徐陵《玉台新咏序》"萧史弄玉"的故事，"萧史善吹箫，作凤鸣。秦穆公以女弄玉妻之，作凤楼，教弄玉吹箫，感凤来集，弄玉乘凤，萧史乘龙，夫妇同仙去"。

2.71　初弹如珠后如缕，一声两声落花雨。诉尽平生云水心①，尽是春花秋月语。

【注释】

①云水心：如云如水一般，漂流不定的心情。

2.72　春娇满眼睡红绡，掠削云鬟旋妆束。飞上九天歌一声，二十五郎①吹管逐。

【注释】

①二十五郎：代指李承宁，因排行二十五，故有此称。

2.73　琵琶新曲，无待石崇；箜篌杂引，非因曹植。

2.74　休文腰瘦，羞惊罗带之频宽①；贾女②容销，懒照蛾眉之常锁。

【注释】

①"休文腰瘦"二句：沈约，字休文，语出其信中："百日

数旬，革带常应移孔；以手握臂，率计月小半分。"是向好友告知自己的病情。

②贾女：指贾充的女儿，韩寿之妻。

2.75　琉璃砚匣，终日随身；翡翠笔床^①，无时离手。

【注释】

①笔床：毛笔架。

2.76　清文满箧，非惟芍药之花；新制连篇，宁止葡萄之树。

2.77　西蜀豪家，托情穷于鲁殿；东台甲馆^①，流咏止于洞箫。

【注释】

①东台甲馆：东台，唐代的官署名称。甲馆，比较高级的馆舍。

2.78　醉把杯酒，可以吞江南吴越之清风；拂剑长啸，可以吸燕赵秦陇之劲气。

2.79　林花翻洒，乍飘扬于兰皋；山禽啭响，时弄声于乔木。

2.80　长将姊妹丛中避，多爱湖山僻处行。

2.81　未知枕上曾逢女^①，可认眉尖与画郎。

【注释】

①女：同"汝"。

2.82　蘋风未冷催鸳别，沉檀①合子留双结。千缕愁丝只数围，一片香痕才半节。

【注释】

①沉檀：沉香檀香。

2.83　那忍重看娃鬓绿，终期一遇客衫黄①。

【注释】

①典出唐传奇《霍小玉传》。小玉被情郎抛弃而忧心成疾，侠义之士黄衫客路见不平，把负心汉挟持到小玉面前。那忍：哪忍，怎么忍心。重看：反复地看。娃：方言，吴地对年轻貌美女子的称呼。鬓绿：指乌黑的头发。

2.84　金钱赐侍儿，暗嘱教休话。

2.85　薄雾几层推月出，好山无数渡江来。轮将秋动虫先觉，换得更深鸟越催。

2.86　花飞帘外凭笺讯，雨到窗前滴梦寒。

2.87　樯标远汉，昔时鲁氏之戈①；帆影寒沙，此夜姜家之被②。

【注释】

①鲁氏之戈：典出《淮南子·览冥训》，"鲁阳公与韩构难，战酣日暮，援戈而挥之，日为之反三舍"。

②姜家之被：典出《后汉书·姜肱传》，"姜肱字伯淮，彭城广戚人也，家世名族，肱与二弟仲海、季江，俱以孝行著闻。其

友爱天至，常共卧起，及各娶妻，兄弟相恋，不能别寝，以系嗣当立，乃递往旧室"。

2.88　填愁不满吴娃井，剪纸空题^①蜀女祠。

【注释】

①空题：白白地题诗。

2.89　良缘易合，红叶亦可为媒^①；知己难投，白璧未能获主^②。

【注释】

①"良缘易合"两句：据唐范摅《云溪友议》记载，唐宣宗之时，卢渥前往京城赶考，途中在御沟的流水中洗手，在清冽的水中忽然发现一片较大的红叶上面有墨印，他随手将叶子取出，发现红叶上竟然题着一首诗："流水何太急，深宫尽日闲。殷勤谢红叶，好去到人间。"后来唐宣宗将一部分宫女送出宫外，许配给官吏，卢渥碰巧得到那位题诗于红叶之上的女子。

②"知己难投"两句：典出"进献和氏璧"，楚国人卞和得到一块美玉，想将其献给君王，先后向厉王、武王进献，不仅没有得到重用，反而以欺骗之罪被截去双脚。这块玉就是闻名于后世的和氏璧。

2.90　填平湘岸都栽竹，截住巫山不放云^①。

【注释】

①截住巫山不放云：化用宋玉《高唐赋》中楚怀王与巫山神

女相会之典故。

2.91　鸭为怜香死，鸳因泥睡痴。

2.92　红印山痕春色微，珊瑚枕上见花飞。烟鬟潦乱香云湿，疑向襄王梦里归。

2.93　零乱如珠为点妆，素辉乘月湿衣裳。只愁天酒倾如斗，醉却琼姿傍玉床。

2.94　有魂落红叶，无骨锁青鬟。

2.95　书题蜀纸愁难浣，雨歇巴山话亦陈①。

【注释】

①雨歇巴山话亦陈：语出李商隐《夜雨寄北》："君问归期未有期，巴山夜雨涨秋池。何当共剪西窗烛，却话巴山夜雨时。"

2.96　盈盈相隔愁追随，谁为解语来香帷。

2.97　斜看两鬟垂，俨似行云嫁。

2.98　欲与梅花斗宝妆，先开娇艳逼寒香。只愁冰骨藏珠屋，不似红衣待玉郎。

2.99　纵教弄酒春衫浣，别有风流上眼波。

2.100　听风声以兴思①，闻鹤唳以动怀②。企庄生之逍遥③，慕尚子之清旷④。

【注释】

①听风声以兴思：语出《世说新语·识鉴》："张季鹰辟齐王东曹掾，在洛见秋风起，因思吴中菰菜羹、鲈鱼脍，曰：'人生贵得适意尔，何能羁宦数千里以要名爵！'遂命驾便归。"

②闻鹤唳以动怀：语出《世说新语·尤悔》。据记载陆平原在河桥战败，因受卢志所诋毁而被诛杀，行刑之前感叹道："欲闻华亭鹤唳，可复得乎？"

③庄生之逍遥：庄生即庄子，道家的代表人物，作《逍遥游》，主张超然物外。

④尚子之清旷：尚子即尚长，东汉人，据载其在子女婚嫁之后，远离家乡，四处云游。

2.101　灯结细花成穗落，泪题愁字带痕红。

2.102　无端饮却相思水，不信相思想杀人。

2.103　渔舟唱晚，响穷彭蠡之滨；雁阵惊寒，声断衡阳之浦。

2.104　爽籁发而清风生，纤歌凝而白云遏。

2.105　杏子轻衫初脱暖，梨花深院自多风①。

【注释】

①梨花深院自多风：语出北宋晏殊所作的《无题》："梨花院落溶溶月，柳絮池塘淡淡风。"

第三卷　集峭

今天下皆妇人矣！封疆缩其地，而中庭之歌舞犹喧；战血枯其人，而满座貂蝉①自若。我辈书生，既无诛贼讨乱之柄，而一片报国之忧，惟于寸楮尺只字间②见之；使天下之须眉而妇人者，亦耸然有起色。集峭第三。

【注释】

①貂蝉：指貂尾和附蝉，古代权贵之人常常以此为饰，故此处以貂蝉代指权贵之臣。

②寸楮尺只字间：在文章字里行间之中。楮，纸的代称。

3.1　忠孝，吾家之宝；经史，吾家之田。

3.2　闲到白头真是拙，醉逢青眼不知狂。

3.3　兴之所到，不妨呕出①惊人；心故不然②，也须随场作戏。

【注释】

①呕出：说出。

②不然：不以为然。

3.4　放得俗人心下，方可为丈夫。放得丈夫心下，方名为仙佛。放得仙佛心下，方名为得道。

3.5　吟诗劣于讲学，骂座恶于足恭。两而揆之[1]，宁为薄幸狂夫，不作厚颜君子。

【注释】

①两而揆之：两相比较之下。揆，忖度。

3.6　观人题壁，便识文章。

3.7　宁为真士夫，不为假道学。宁为兰摧玉折，不作萧敷艾荣[1]。

【注释】

①萧、艾：古代将其视为恶草，喻品行低劣。

3.8　随口利牙，不顾天荒地老；翻肠倒肚，那管鬼哭神愁。

3.9　身世浮名，余以梦蝶视之[1]，断不受肉眼相看。

【注释】

①余以梦蝶视之：化用"庄生梦蝶"的典故，《庄子·齐物论》云："昔者庄周梦为蝴蝶，栩栩然蝴蝶也。自喻适志与，不知周也。俄然觉，则蘧蘧然周也。不知周之梦为蝴蝶与，蝴蝶之梦为周与？"

3.10　达人撒手悬崖[1]，俗子沉身苦海。

【注释】

①达人：通达之人。悬崖：比喻危险的境地。

3.11　销骨^①口中，生出莲花九品^②；铄金舌上，容他鹦鹉千言。

【注释】

①销骨：销毁枯骨。语出《史记·张仪列传》："众口铄金，积毁销骨。"指人们口中的言语作用极为重大，人言可畏。

②莲花九品：佛家术语，指佛家的极乐境界，修行圆满之人死后会到极乐世界，并且以莲花台为座，莲花台又分为九种，九品莲花代表最高境界。

3.12　少言语以当贵，多著述以当富，载清名以当车，咀英华^①以当肉。

【注释】

①咀英华：鉴赏精妙的诗文。

3.13　竹外窥鸟，树外窥山，峰外窥云，难道我有意无意；鸟来窥人，月来窥酒，雪来窥书，却看他有情无情。

3.14　体裁如何，出月隐山；情景如何，落日映屿；气魄如何，收露敛色；议论如何，回飙拂渚^①。

【注释】

①回飙：回旋的飙风。渚：水中的小州。

3.15　有大通必有大塞^①，无奇遇必无奇穷。

①大寨：指很不顺利。寨，阻塞。

3.16　雾满杨溪，玄豹①山间偕日月；云飞翰苑，紫龙天外借风雷。西山霁雪，东岳含烟。驾凤桥以高飞，登雁塔②而远眺。

【注释】

①玄豹：比喻隐居之人。

②雁塔：大雁塔，又名慈恩塔，位于今陕西西安境内。

3.17　一失脚①为千古恨，再回头是百年人②。

【注释】

①一失脚：一时不小心犯下错误。

②再回头：指发现错误。百年人：年纪已大的老人。

3.18　居轩冕①之中，要有山林②的气味；处林泉之下，须常怀廊庙的经纶③。

【注释】

①轩冕：乘轩车戴冕冠，指达官显贵之人。

②山林：代指山间隐士。

③廊庙：朝廷。经纶：治国才能。

3.19　平民种德施惠，是无位之公卿；仕夫贪财好货，乃有爵的乞丐。

3.20　烦恼场空，身住清凉世界；营求念绝，心归自在乾坤。

3.21　觑破①兴衰究竟，人我得失冰消；阅尽寂寞繁华，豪杰心肠灰冷。

【注释】

①觑破：看破，识破。

3.22　名衲谈禅，必执经升座，便减三分禅理①。

【注释】

①便减三分禅理：禅理讲究自己参悟，真正高深的禅理是不能靠他人言说的。

3.23　穷通之境未遭，主持之局已定；老病之势未催①，生死之关先破。求之今世，谁堪语此？

【注释】

①催：遭受。

3.24　一纸八行①，不遇寒温之句；鱼腹雁足②，空有往来之烦。是以嵇康不作③，严光口传④，豫章掷之水中⑤，陈泰挂之壁上⑥。

【注释】

①一纸八行：古时候的纸张多是一页写八行。

②鱼腹雁足：指书信，古人有借鱼腹、雁足来传书之说。鱼

腹，语出汉代乐府《饮马长城窟行》云："客从远方来，遗我双鲤鱼。呼儿烹鲤鱼，中有尺素书。"鸿雁，苏武被困于匈奴，最后利用鸿雁传书与汉朝通信，汉朝知晓此事之后派遣使者前往匈奴接回苏武。

③嵇康不作：典出嵇康《与山巨源绝交书》，声言自己不愿放弃自己的气节侍奉他人，其中有云："素不便书，又不喜作书，而人间多事。堆案盈几，不相酬答，则犯教伤义，欲自勉强，则不能久。"

④严光口传：典出《后汉书·严光传》。严光曾经与光武帝刘秀一起游学，光武帝很欣赏他的才能，即位之后就派使者带上书信请严光辅佐自己。严光没有回写书信，而是派人带去口信："君房足下：位至鼎足，甚善。怀仁辅义天下悦，阿谀顺旨要领绝。"

⑤豫章掷之水中：典出《世说新语·任诞》。殷洪乔将要成为豫章郡守，临走之时，很多人都送来了书函，有百许之多。后来殷洪乔把这些书信都掷于水中，因祝曰："沉者自沉，浮者自浮，殷洪乔不能作致书郎。"

⑥陈泰挂之壁上：典出三国时期魏臣陈泰的故事。当时陈泰司职并州刺史，京邑许多达官贵人都给他送去珍宝，"因泰市奴婢，泰皆挂之于壁，不发其封，及征为尚书，悉以还之"。

3.25 枝头秋叶，将落犹然恋树；檐前野鸟，除死方得离笼。人之处世，可怜如此。

3.26 士人有百折不回之真心，才有万变不穷之妙用。

3.27 立业建功，事事要从实地着脚，若少慕声闻，便成伪果；讲道修德，念念要从处处立基，若稍计功效，便落尘情。

3.28 执拗者福轻，而圆融之人其禄必厚；操切者寿夭，而宽厚之士其年必长。故君子不言命，养性即所以立命；亦不言天，尽人自可以回天。

3.29 才智英敏者，宜以学问摄其躁；气节激昂者，当以德性融其偏。

3.30 苍蝇附骥①，捷则捷矣，难辞处后之羞；茑萝②依松，高则高矣，未免仰扳之耻。所以君子宁以风霜自挟③，毋为鱼鸟亲人。伺察以为明者，常因明而生暗，故君子以恬养智；奋迅④以求速者，多因速而致迟，故君子以重持轻。

【注释】

①苍蝇附骥：语出汉武帝《与隗嚣书》："苍蝇之飞，不过数步，若附骥尾，可至千里。"

②茑萝：一种蔓草，常常依附松树而生。

③风霜自挟：寓意个人提高自身修养，培养高尚情操。

④奋迅：冒进急躁。

3.31 有面前之誉易，无背后之毁难；有乍交之欢易，无久处之厌难。宇宙内事，要力担当，又要善摆脱。不担当，则无经世①之事业；不摆脱，则无出世之襟期。

①经世：经国济世。

3.32　待人而留有余不尽之恩，可以维系无厌之人心；御事而留有余不尽之智，可以提防不测之事变。

3.33　无事如有事时提防，可以弭^①意外之变；有事如无事时镇定，可以销局中之危。

【注释】

①弭：消弭，消除。

3.34　爱是万缘之根，当知割舍；识是众欲之本，要力扫除。

3.35　舌存常见齿亡，刚强终不胜柔弱；户朽^①未闻枢蠹^②，偏执岂及乎圆融。

【注释】

①户朽：门板腐烂了。

②蠹：一种小虫子，常常腐蚀物品。在此指被蠹所腐蚀。

3.36　荣宠傍边辱等待，不必扬扬^①；困穷背后福跟随，何须戚戚^②。

【注释】

①扬扬：形容非常自得的样子。

②戚戚：形容十分伤心的样子。

3.37　看破有尽身躯，万境之尘缘自息①；悟入无怀②境界，一轮之心月独明。

【注释】

①自息：自然就会停息。

②无怀：指没有牵挂。

3.38　霜天闻鹤唳，雪夜听鸡鸣，得乾坤清绝之气；晴空看鸟飞，活水观鱼戏，识宇宙活泼之机。

3.39　斜阳树下，闲随老衲清谈；深雪堂中，戏与骚人白战。

3.40　山月江烟，铁笛数声，便成清赏；天风海涛，扁舟一叶，大是①奇观。

【注释】

①大是：的确是。

3.41　秋风闭户，夜雨挑灯，卧读《离骚》泪下；霁日寻芳，春宵载酒，闲歌《乐府》神怡。

3.42　云水中载酒，松篁里煎茶，岂必銮坡侍宴；山林下著书，花鸟间得句，何须凤沼挥毫。

3.43　人生不好古，象鼎牺尊①变为瓦缶；世道不怜才，凤毛麟角化作灰尘。

【注释】

①象鼎牺尊：代指珍贵的古代文物。

3.44　要做男子，须负刚肠；欲学古人，当坚苦志。

3.45　风尘善病，伏枕处一片青山；岁月长吟，操觚时①千篇《白雪》。

【注释】

①操觚时：指写诗行文之时。

3.46　亲兄弟折箸①，璧合翻作瓜分；士大夫爱钱，书香化为铜臭。

【注释】

①折箸：折断筷子，这里指不和睦，要分家。

3.47　心为形役，尘世马牛；身被名牵①，樊笼鸡鹜②。

【注释】

①牵：束缚。

②鸡鹜：鸡鸭。

3.48　懒见俗人，权辞托病；怕逢尘事，诡迹逃禅①。

【注释】

①诡迹逃禅：隐藏行迹，逃遁世事，参禅悟道。

3.49　人不通古今，襟裾①马牛；士不晓廉耻，衣冠狗彘。

【注释】

①襟裾：衣襟裙裾，代指衣服。

3.50　道院吹笙，松风袅袅；空门洗钵，花雨纷纷①。

【注释】

①"空门洗钵"两句：据《续高僧传》记载，一次高僧法云正在讲授佛经时，忽然漫天的鲜花飘落而下，到了堂内，却又升空不坠。空门：佛门。洗钵：传说师徒相传时，会以衣钵作为信物，此处以洗钵代指传经授法。

3.51　囊无阿堵①，岂便求人；盘有水晶②，犹堪③留客。

【注释】

①阿堵：指钱。
②水晶：指虾，虾的一种别称。
③犹堪：还可以。

3.52　种两顷负郭田①，量晴较雨；寻几个知心友，弄月嘲风。

【注释】

①负郭田：古时有城郭之分，附郭田指城郊的田地，此处泛指所有田地。

3.53　着履①登山，翠微中②独逢老衲；乘桴③浮海，雪浪里群傍闲鸥。才士不妨泛驾④，辕下驹⑤吾弗愿也；

诤臣岂合模棱⑥，殿上虎⑦君无尤⑧焉。

【注释】

①着履：穿上鞋子。

②翠微中：青山中。

③桴：木筏。

④泛驾：《汉书·武帝纪》中有云："夫泛驾之马，坼驰之士，亦在御之而已。"直译为翻车，在此指不受约束。

⑤辕下驹：车辕下套着的小马驹，在此指持观望态度，畏缩以求自保的人。《史记·魏其武安侯列传》中有云："上怒内史曰：'公平生数言魏其武安长短，今日延论，局趣数辕下驹，吾并斩若属也。'"

⑥诤臣：直言进谏的臣子。模棱：典出《新唐书·苏味道传》。当时苏味道为宰相，并没有大的建树，仿佛尸位素餐，人称"模棱手""模棱宰相"，他认为做事不用太明白，错误了就会后悔，只需"模棱持两端可也"。

⑦殿上虎：指敢于直谏的诤臣。典出《宋史·刘安世传》。刘安世为谏官，敢于直言进谏，在朝廷上据理力争，很多臣子将其视为殿上虎。

⑧尤：通"忧"，忧虑。

3.54　荷钱榆荚①，飞来都作青蚨②；柔玉温香，观想可成白骨。

①荷钱榆荚：刚刚长出来的荷叶、榆荚，形状与钱币很相似，在此代指金钱。

②青蚨：本为一种昆虫，在此指金钱。干宝《搜神记》中有云："南方有虫……又名青蚨，形似蝉而稍大，味辛美可食。生子必依草叶，大如蚕子。取其子，母必飞来，不以远近。虽潜取其子，母必知处。以母血涂钱八十一文，以子血涂钱八十一文。每市物，或先用母钱，或先用子钱，皆复飞归，轮转无已。"

3.55　旅馆题蕉，一路留来魂梦谱；客途惊雁，半天寄落别离书。

3.56　歌儿带烟霞之致①，舞女具邱壑之资②。生成世外风姿，不惯尘中物色。

【注释】

①烟霞之致：山林烟霞的韵致，这里暗指超脱于世俗之外的韵致。

②邱壑之资：不同于世俗林间田园的姿态。

3.57　今古文章，只在苏东坡鼻端定优劣；一时人品，却从阮嗣宗眼内别雌黄。

3.58　魑魅满前，笑著阮家无鬼论①；炎嚣②阅世，愁披刘氏《北风图》③。

【注释】

①阮家无鬼论：典出阮瞻论鬼的故事。晋永嘉年间，太子舍

人阮瞻一向主张无鬼论，并经常以此与人论争。有一天有位十分善辩之人在与之谈论命理之时言及鬼神，阮瞻与之论争很久依然没有被说服，客于是说："鬼神，古今圣贤所共传，君何得独言无！即仆便是鬼。"于是就变为异形消失了。

②炎嚣：喧闹熙攘。

③刘氏《北风图》：典出东汉著名画家刘褒，刘褒长于作画，其画作引人入胜。相传刘褒曾经画下《云汉图》《北风图》，观览《云汉图》可以使人感觉发热，观览《北风图》，则使人发冷。

3.59　气夺山川，色结烟霞。

3.60　诗思在灞陵桥上，微吟处，林岫便已浩然；野趣在镜湖曲边，独往时，山川自相映发。

3.61　至音①不合众听，故伯牙绝弦②；至宝不同众好，故卞和泣玉③。

【注释】

①至音：极为高雅的音乐。

②伯牙绝弦：典出伯牙摔琴谢知音的故事。俞伯牙、钟子期彼此为知己，《吕氏春秋·本味》中有云："俞伯牙善于鼓琴，子期听之，方鼓琴而志在太山，钟子期曰：'善哉乎鼓琴，巍巍乎若太山。'少时之间，而志在流水，钟子期又曰：'善哉乎鼓琴，汤汤乎若流水。'钟子期死，伯牙破琴绝弦，终身不复鼓琴，以为世无足复为鼓琴者。"

③卞和泣玉：典出和氏璧的故事。卞和得到上好美玉，就想向帝王进献，先后向厉王、武王进献，不仅没有得到重用，反而

以欺骗之罪被截去双脚，这块玉正是闻名于后世的和氏璧。

3.62 看文字，须如猛将用兵，直是鏖战一阵；亦如酷吏治狱①，直是推勘到底，决不恕他。

【注释】

①治狱：处理狱案。

3.63 名山乏侣，不解壁上芒鞋；好景无诗，虚携囊中锦字。

3.64 辽水无极，雁山参云；闺中风暖，陌上草薰①。

【注释】

①"辽水无极"四句：见江淹的《别赋》。无极：没有边际。雁山：雁门山。

3.65 秋露如珠，秋月如珪。明月白露，光阴往来。与子之别，思心徘徊①。

【注释】

①"秋露如珠"六句：语出江淹《别赋》。珪：美玉。光阴往来：忽明忽暗。

3.66 声应气求之夫①，决不在于寻行数墨之士；风行水上之文②，决不在于一字一句之奇。

【注释】

①声应气求之夫：意气相投之人。

②风行水上之文：自然天成，没有雕琢痕迹的文章。

3.67　借他人之酒杯，浇自己之块垒①。

【注释】

①块垒：激愤，不平。

3.68　春至不知湘水深，日暮忘却巴陵道。

3.69　奇曲雅乐，所以禁淫①也；锦绣黼黻②，所以御暴也。缛③则太过。是以檀卿④刺郑声，周人伤北里⑤。

【注释】

①淫：指低俗的音乐。

②锦绣黼黻：织出的彩纹为"锦"，刺绣的彩纹为"绣"，古代衣服上黑白相间的花纹为"黼"，黑青相间的花纹为"黻"。

③缛：繁缛。

④檀卿：人名，檀弓，春秋时期鲁国人。

⑤北里：古时的一种舞曲名。

3.70　静若清夜之列宿，动若流彗之互奔。

3.71　振骏气以摆雷，飞雄光以倒电①。

【注释】

①倒电：压倒闪电。

3.72　停之如栖鹄，挥之如惊鸿，飘缨蕤①于轩幌，发晖曜于群龙。始缘甍②而冒栋，终开帘而入隙。初便娟于墀庑③，未萦盈于帷席。

【注释】

①缨蕤：本指帽子上的饰物，在此指旗帜的饰物。

②缘：沿着。甍：屋脊。

③墀庑：庭院。

3.73　云气荫于丛蓍^①，金精养于秋菊。落叶半床，狂花满屋。

【注释】

①丛蓍：蓍草丛。

3.74　雨送添砚之水，竹供扫榻之风。

3.75　血三年而藏碧^①，魂一变而成红^②。

【注释】

①血三年而藏碧：化用《庄子·外物》中的语句："故伍员流于江，苌弘死于蜀。藏其血，三年化而为碧。"伍员、苌弘都是忠义之臣。

②魂一变而成红：相传战国时期蜀王杜宇称帝，建号望帝，之后其退位隐居在西山，死后化为杜鹃。每年暮春时分就会鸣叫，声音十分悲戚，一直到嘴角流血了还不停止。李商隐"望帝春心托杜鹃"即化用了这个典故。

3.76　举黄花而乘月艳，笼^①黛叶^②而卷云娇。

【注释】

①笼：拢。

②黛叶：指乌黑的头发。

3.77　垂纶帘外，疑钩势之重悬；透影窗中，若镜光之开照。

3.78　叠轻蕊而矜暖，布重泥而讶湿。迹似连珠，形如聚粒。

3.79　霄光分晓，出虚窦①以双飞；微阴合暝②，舞低檐而并入。

【注释】

①虚窦：虚掩的鸟巢。

②微阴合暝：天色将要变得晦暗的时候，指夜晚即将来临的时候。

3.80　任他极有见识，看得假认不得真；随你极有聪明，卖得巧藏不得拙。

3.81　伤心之事，即懦夫亦动怒发；快心之举，虽愁人亦开笑颜。

3.82　论官府不如论帝王，以佐史臣之不逮；谈闺阃不如谈艳丽，以补风人之见遗。

3.83　是技皆可成名天下，唯无技之人最苦；片技即足自立天下，唯多技之人最劳。

3.84　傲骨、侠骨、媚骨，即枯骨可致千金①；冷语、隽语、韵语，即片语亦重九鼎②。

①枯骨可致千金：典出《战国策·燕策一》重金买马首的故事。古代的君王用千金求千里马，三年也未能求得，又过了三年，寻得一匹死去的千里马，君王以五百金买其马首，后来不到一年就求得三匹。

②片语亦重九鼎：典出《史记·平原君虞卿列传》毛遂自荐的故事。秦昭王十五年，秦国兵围赵都邯郸，毛遂向赵国平原君自我推荐前往楚国求救并顺利获得援助，平原君称赞曰："毛先生一至楚而使赵重于九鼎大吕。"

3.85　议生草莽无轻重，论到家庭无是非。

3.86　圣贤不白之衷，托之日月；天地不平之气，托之风雷。

3.87　风流易荡，佯狂近颠。

3.88　书载茂先三十乘①，便可移家；囊无子美一文钱②，尽堪结客。有作用者，器宇定是不凡；有受用者，才情决然不露。

【注释】

①书载茂先三十乘：茂先，即晋代文学家张华，据《晋书·张华传》记载："雅爱书籍，身死之日，家无余财，只有文史溢于几箧。尝徙居，载书三十乘。"

②囊无子美一文钱：典出唐代诗人杜甫的故事。杜甫虽然穷困潦倒，但始终心怀家国，结交了很多诗人朋友，他曾自作《空

囊》诗有云："囊空恐羞涩，留得一钱看。"

3.89　松枝自是幽人笔，竹叶常浮野客杯。且与少年饮美酒，往来射猎西山头。

3.90　好山当户①天呈画，古寺为邻僧报钟。

【注释】

①当户：正对门户。

3.91　瑶草与芳兰而并茂，苍松齐古柏以增龄。

3.92　群鸿戏海，野鹤游天。

第四卷　集灵

天下有一言之微，而千古如新，一字之义，而百世如见者，安可泯灭之？故风雷雨露，天之灵①；山川名物，地之灵；语言文字，人之灵。毕三才之用，无非一灵以神其间，而又何可泯灭之？集灵第四。

【注释】

①灵：灵气，人或者事物所具有的生机和活力。

4.1　投刺①空劳，原非生计；曳裾②自屈，岂是交游。

【注释】

①刺：名片，拜帖。

②曳裾：提着裙裾。

4.2　事遇快意处当转，言遇快意处当住。

4.3　俭为贤德，不可着意求贤；贫是美称，只是难居其美。

4.4　志要高华，趣要淡泊。

4.5　眼里无点灰尘，方可读书千卷；胸中没些渣滓，才能处世一番。

4.6 眉上几分愁，且去观棋酌酒；心中多少乐，只来种竹浇花。

4.7 茅屋竹窗，贫中之趣，何须脚到李侯门；草帖画谱，闲里所需，直凭心游扬子宅。

4.8 好香用以熏德，好纸用以垂世，好笔用以生花，好墨用以焕彩，好茶用以涤烦，好酒用以消忧。

4.9 声色娱情，何若净几明窗，一坐息顷①；利荣驰念，何若名山胜景，一登临时。

【注释】

①息顷：休息。

4.10 竹篱茅舍，石屋花轩，松柏群吟，藤萝翳①景；流水绕户，飞泉挂檐；烟霞欲栖②，林壑将暝③。中处野叟山翁四五，予以闲身，作此中主人。坐沉红烛，看遍青山，消我情肠，任他冷眼。

【注释】

①翳：掩盖，遮蔽。
②栖：栖息。
③暝：晦暗。

4.11 问妇索酿，瓮有新刍①；呼童煮茶，门临好客。

【注释】

①刍：粮食。

4.12　花前解佩，湖上停桡，弄月放歌，采莲高醉；晴云微袅，渔笛沧浪，华句一垂，江山共峙。

4.13　胸中有灵丹一粒，方能点化俗情，摆脱世故。

4.14　独坐丹房，潇然无事，烹茶一壶，烧香一炷，看达摩面壁图。垂帘少顷，不觉心净神清，气柔息定，蒙蒙然如混沌境界，意者揖达摩与之乘槎而见麻姑也。

4.15　无端妖冶，终成泉下骷髅；有分功名，自是梦中蝴蝶。

4.16　累月独处，一室萧条。取云霞为侣伴，引青松为心知。或稚子老翁，闲中来过，浊酒一壶，蹲鸱①一盂，相共开笑口，所谈浮生闲话，绝不及市朝。客去关门，了无报谢，如是毕余生足矣。

【注释】

①蹲鸱：大芋，其形状与蹲伏的鸱相似，因此又称蹲鸱。

4.17　半坞白云耕不尽，一潭明月钓无痕。

4.18　茅檐外，忽闻犬吠鸡鸣，恍似云中世界；竹窗下，唯有蝉吟鹊噪，方知静里乾坤。

4.19　如今休去便休去，若觅了时无了时。若能行乐，即今便好快活。身上无病，心上无事，春鸟是笙歌，春花是粉黛，闲得一刻，即为一刻之乐，何必情欲乃为乐耶？

4.20　开眼便觉天地阔，挝鼓①非狂；林卧不知寒暑更，上床空算②。

①挝鼓：化用祢衡击鼓当面辱骂曹操的典故。

②上床空算：典出《三国志·魏书·陈登传》三国时期著名谋士陈登（字元龙）的故事。许汜见陈登，陈登也不和许汜说话，自己睡在大床上，让许汜睡在下床。许汜告之刘备，刘备曰："君有国士之名，今天下大乱，帝主失所。望君忧国忘家，有救世之意，而君求田问舍，言无可采，是元龙所讳也，何缘当与君语汜如小人，欲卧百尺楼上，卧君于地，何但上下床之间邪？"

4.21 惟俭可以助廉，惟恕可以成德。

4.22 山泽未必有异士，异士未必在山泽。

4.23 业净六根成慧眼，身无一物到茅庵。

4.24 人生莫如闲，太闲反生恶业；人生莫如清，太清反类俗情。

4.25 "不是一番寒彻骨，怎得梅花扑鼻香。"念头稍缓时，便庄①诵一遍。

【注释】

①庄：庄重，严肃。

4.26 梦以昨日为前身，可以今夕为来世。

4.27 读史要耐讹①字，正如登山耐仄②路，踏雪耐危桥，闲居耐俗汉③，看花耐恶酒，此方得力。

【注释】

①讹：错误。

②仄：狭窄弯曲。

③俗汉：俗人。

4.28　世外交情，惟山而已。须有大观眼，济胜具^①，久住缘，方许与之莫逆。

【注释】

①济胜具：登临山川名胜的强健躯体。具，躯体。出自《世说新语·栖逸》："许掾好游山水，而体便登陟。时人云：'许非徒有胜情，实有济胜之具。'"

4.29　九山^①散樵，浪迹俗间，徜徉自肆。遇佳山水处，盘礴箕踞^②，四顾无人，则划然长啸，声振林木。有客造榻与语，对曰："余方游华胥^③，接羲皇^④，未暇理君语。"客之去留，萧然不以为意。

【注释】

①九山：一说泛指天下的名山，一说为实指的九座名山，即会稽山、泰山、王屋山、首山、太华山、岐山、太行山、羊肠山、孟门山。

②盘礴箕踞：两腿叉开前伸，稳稳当当地席地而坐。这种坐姿在古代被视为不庄重、轻慢，在此以这种坐姿表明随意、不受拘束。

③游华胥：据《列子》记载，黄帝"昼寝，梦游华胥之国"，在此泛指做梦、梦游。

④羲皇：上古时期的部落首领伏羲氏，相传其曾作八卦图。

4.30　择地纳凉，不若先除热恼；执鞭求富，何如急遣穷愁。

4.31　万籁疏风清两耳，闻世语，急须敲玉磬三声；九天凉月净初心，诵其经，胜似撞金钟百下。

4.32　无事而忧，对景不乐，即自家亦不知是何缘故，这便是一座活地狱，更说甚么铜床铁柱，剑树刀山也。

4.33　烦恼之场，何种不有，以法眼照之，奚啻蝎蹈空花。

4.34　上高山，入深林，穷回溪，幽泉怪石，无远不到，到则披草而坐，倾壶而醉。醉则更相卧，卧而梦。意有所极，梦亦同趣。

4.35　闭门阅佛书，开门接佳客，出门寻山水，此人生三乐。

4.36　客散门扃，风微日落，碧月皎皎当空，花阴徐徐满地。近檐鸟宿，远寺钟鸣，茶铛①初熟，酒瓮乍开，不成八韵新诗，毕竟一个俗气。

【注释】

①铛：锅。

4.37　不作风波①于世上，自无冰炭到胸中。

①风波：代指对尘世间各种欲望的追求。

4.38　秋月当天，纤云都净，露坐空阔去处，清光冷浸，此身如在水晶宫里，令人心胆澄澈。

4.39　遗子黄金满籝①，不如教子一经。

【注释】

①籝：箱笼一类的竹器。

4.40　凡醉各有所宜，醉花宜昼，袭其光也；醉雪宜夜，清其思也；醉得意宜唱，宣其和也；醉将离宜击钵，壮其神也；醉文人宜谨节奏，畏其侮也；醉俊人宜益觥盂加旗帜，助其怒也；醉楼宜暑，资其清也；醉水宜秋，泛其爽也。此皆审其宜，考其景，反此则失饮矣。竹风一阵，飘扬茶灶，疏烟梅月，半湾掩映，书窗残雪。

4.41　厨冷分山翠，楼空入水烟。

4.42　闲疏滞叶通邻水，拟典荒居作小山。

4.43　聪明而修洁①，上帝固录清虚；文墨而贪残，置官不受辞赋。

【注释】

①修洁：修行高洁。

4.44　破除烦恼，二更山寺木鱼声；见彻性灵，一点云堂优钵①影。

【注释】

①云堂：禅宗僧侣们坐禅修行之所。优钵：梵语，指莲花。

4.45　兴来醉倒落花前，天地即为衾枕；机息①忘怀磐石上，古今尽属蜉蝣。

【注释】

①机息：平息机心。

4.46　老树着花①，更觉生机郁勃；秋禽弄舌②，转令幽兴潇疏。

【注释】

①着花：开花。

②弄舌：鸣叫。

4.47　完得心上之本来，方可言了心；尽得世间之常道，才堪论出世。

4.48　雪后寻梅，霜前访菊，雨际护兰，风外听竹，固野客之闲情，实文人之深趣。

4.49　结①一草堂，南洞庭月，北蛾眉雪，东泰岱松，西潇湘竹，中具晋高僧支法②八尺沉香床。浴罢温泉，投床鼾睡，以此避暑，讵③不乐也？

【注释】

①结：搭建。

②支法：塔。

③讵：怎能，表示反问。

4.50　人有一字不识，而多诗意；一偈不参^①，而多禅意；一勺不濡^②，而多酒意；一石不晓，而多画意。淡宕^③故也。

【注释】

①偈：佛偈。参：参悟。

②一勺不濡：滴酒不沾。

③淡宕：淡泊，不受拘束。

4.51　以看世人青白眼转而看书，则圣贤之真见识；以议论人雌黄口转而论史，则左、狐^①之真是非。

【注释】

①左狐：左丘明、董狐，二人分别是春秋时期鲁国和晋国的史官，记载史实秉笔直书，是难得的良史。

4.52　事到全美处，怨我者不能开指摘之端^①；行到至污处，爱我者不能施掩护之法。

【注释】

①端：借口。

4.53　必出世者，方能入世，不则世缘易堕；必入世者，方能出世，不则空趣难持。

4.54　调性之法，急则佩韦，缓则佩弦；谐情之法，水则从舟，陆则从车。

4.55　才人之行多放，当以正敛之；正人之行多板，当以趣通之。

4.56　人有不及，可以情恕；非义相干，可以理遣。佩此两言，足以游世。

4.57　冬起欲迟，夏起欲早；春睡欲足，午睡欲少。

4.58　无事当学白乐天之嗒然①，有客宜仿李建勋之击磬②。

【注释】

①白乐天之嗒然：白乐天，即中唐诗人白居易，字乐天。嗒然：指物我两忘的心境。

②李建勋之击磬：李建勋，唐末五代时期人。《玉壶清话》记载李建勋有一玉磬，用沉香节为其安柄，敲击声十分清越。每当有客人谈到猥俗之事时，他就会在耳边敲击几声玉磬，有人问他原因，他回答说是要用玉磬声洗耳。

4.59　郊居，诛茅结屋，云霞栖梁栋之间，竹树在汀洲之外。与二三之同调，望衡对宇，联接巷陌。风天雪夜，买酒相呼。此时觉曲生①气味，十倍市饮。

【注释】

①曲生：代指酒。据唐代郑荣《开天传信记》记载，叶法善宴饮宾客，有一个人自称是"曲秀才"，与众多宾客进行论辩，话语十分犀利。叶法善怀疑魑魅为惑，就用剑行刺，结果"曲秀才"竟然化成一瓶浓酒，味道极佳。叶法善于是对着酒瓶作揖，

说道："曲生风味，不可忘也。"之后"曲生"就成了酒的代称。

4.60 万事皆易满足，惟读书终身无尽。人何不以足知一念加之书。又云：读书如服药，药多力自行。

4.61 醉后辄作草书十数行，便觉酒气拂拂①，从十指出去也。

【注释】

①拂拂：上涌升腾的样子。

4.62 书引藤为架，人将薜①作衣。

【注释】

①薜：薜萝，又称女萝，一种植物。自屈原《楚辞·远游》中"使湘灵鼓瑟兮，被薜荔兮带女萝"诗句之后，女萝就成为隐者的装扮。

4.63 从江干溪畔箕踞①石上，听水声浩浩潺潺，粼粼泠泠，恰似一部天然之乐韵，疑有湘灵②在水中鼓瑟也。

【注释】

①箕踞：两腿叉开前伸，席地而坐，姿态与簸箕相似，在古人看来这是一种很不雅的动作，在此指很惬意地没有约束地坐着。

②湘灵：湘水之神，又称为湘君，屈原《楚辞·远游》中有"使湘灵鼓瑟兮，令海若舞冯夷""使湘灵鼓瑟兮，被薜荔兮带女萝"等诗句。

4.64　鸿中叠石，未论高下，但有木阴水气，便自超绝。

4.65　段由夫携瑟就松风涧响之间，曰三者皆自然之声，正合类聚。

4.66　高卧闲窗，绿阴清昼，天地何其寥廓也。

4.67　少学琴书，偶爱清净，开卷有得，便欣然忘食；见树木交映，时鸟变声，亦复欢然有喜。常言：五六月，卧北窗下，遇凉风暂至，自谓羲皇上人。

4.68　空山听雨，是人生如意事。听雨必于空山破寺中，寒雨围炉，可以烧败叶，烹鲜笋。

4.69　鸟啼花落，欣然有会于心。遣小奴，挈瘿樽①，酤白酒，醑一梨花瓷盏，急取诗卷，快读一过以咽之，萧然不知其在尘埃间也。

【注释】

①瘿樽：瘿木制的盛酒容器。

4.70　闭门即是深山，读书随处净土。

4.71　千岩竞秀，万壑争流，草木蒙笼其上，若云兴霞蔚。

4.72　从山阴道上行，山川自相映发，使人应接不暇，若秋冬之际，犹难为怀。

4.73　欲见圣人气象，须于自己胸中洁净时观之。

4.74　执笔惟凭于手熟，为文每事于口占。

4.75 箕踞于斑竹林中，徙倚于青矾石上。所有道笈梵书①，或校雠②四五字，或参讽③一两章。茶不甚精，壶亦不燥，香不甚良，灰亦不死。短琴无曲而有弦，长讴无腔而有音。激气发于林樾，好风逆之水涯，若非羲皇以上，定亦嵇、阮④之间。

【注释】

①道笈梵书：道家和佛家的经书。

②校雠：校对文字。

③参讽：参悟评议。

④嵇、阮：嵇康和阮籍。

4.76 闻人善则疑之，闻人恶则信之，此满腔杀机也。

4.77 士君子尽心利济①，使海内少他不得，则天亦自然少他不得，即此便是立命。

【注释】

①利济：造福接济。

4.78 读书不独变气质，且能养精神，盖理义收摄故也。

4.79 周旋人事后，当诵一部清静经；吊丧问疾后，当念一遍扯淡歌。

4.80 卧石不嫌于斜，立石不嫌于细，倚石不嫌于薄，盆石不嫌于巧，山石不嫌于拙。

4.81 雨过生凉，境闲情适，邻家笛韵，与晴云断雨逐，听之声声入肺肠。

4.82　不惜费，必至于空乏而求人；不受享，无怪乎守财而遗诮。

4.83　园亭若无一段山林景况，只以壮丽相炫，便觉俗气扑人。

4.84　餐霞吸露，聊驻红颜；弄月嘲风，闲销白日。

4.85　清之品有五：睹标致①，发厌俗之心，见精洁，动出尘之想，名曰清兴。知蓄书史，能亲笔砚，布景物有趣，种花木有方，名曰清致。纸裹中窥钱，瓦瓶中藏粟，困顿于荒野，摈弃乎血属，名曰清苦。指幽僻之耽，夸以为高，好言动之异，标以为放，名曰清狂。博极今古，适情泉石，文韵带烟霞，行事绝尘俗，名曰清奇。

【注释】

①标致：美好。

4.86　对棋不若观棋，观棋不若弹瑟，弹瑟不若听琴。古云："但识琴中趣，何劳弦上音。"斯言信然。

4.87　弈秋往矣，伯牙往矣，千百世之下，止存遗谱，似不能尽有益于人。唯诗文字画，足为传世之珍，垂名不朽。总之身后名，不若生前酒耳。

4.88　君子虽不过信人，君子断不过疑人。

4.89　人只把不如我者较量，则自知足。

4.90　折胶铄石，虽累变于岁时；热恼清凉，原只在于心境。所以佛国都无寒暑，仙都长似三春。

4.91　鸟栖高枝，弹射难加；鱼潜深渊，网钓不及；士隐岩穴，祸患焉至。

4.92　于射而得楫让，于棋而得征诛，于忙而得伊、周，于闲而得巢、许，于醉而得瞿昙，于病而得老庄，于饮食衣服、出作入息，而得孔子。

4.93　前人云："昼短苦夜长，何不秉烛游？"不当草草看过。

4.94　优人①代古人语，代古人笑，代古人愤，今文人为文似之。优人登台肖古人，下台还优人，今文人为文又似之。假令古人见今文人，当何如愤，何如笑，何如语？

【注释】

①优人：古代以乐舞、戏谑为业的艺人。

4.95　看书只要理路通透，不可拘泥旧说，更不可附会新说。

4.96　简傲不可谓高，谄谀不可谓谦，刻薄不可谓严明，阘茸①不可谓宽大。

【注释】

①阘茸：软弱无能。

4.97　作诗能把眼前光景，胸中情趣，一笔写出，便是作手，不必说唐说宋。

4.98　少年休笑老年颠，及到老时颠一般。只怕不到颠时老，老年何暇笑少年。

4.99　饥寒困苦，福将至已；饱饫宴游，祸将生焉。

4.100　打透生死关，生来也罢，死来也罢；参破名利场，得了也好，失了也好。

4.101　混迹尘中，高视物外①；陶情杯酒，寄兴篇咏；藏名一时，尚友千古。

【注释】

①高视物外：超出世间的物累。

4.102　痴矣狂客，酷好宾朋。贤哉细君①，无违夫子②。醉人盈座，簪裾半尽。酒家食客满堂，瓶瓮不离米肆。灯烛荧荧，且耽③夜酌；爨烟④寂寂，安问晨炊。生来不解攒眉，老去弥堪鼓腹⑤。

【注释】

①细君：妻子。

②夫子：丈夫。

③耽：沉迷，沉醉。

④爨烟：炊烟。

⑤鼓腹：鼓起肚子，吃饱，形容生活很安逸。化用《庄子·马蹄》之典故："夫赫胥氏之时，民居不知所为，行不知所之，含哺而熙，鼓腹而游。"

4.103　皮囊速坏，神识常存，杀万命以养皮囊，罪卒归于神识。佛性无边，经书有限，穷万卷以求佛性，得不属于经书。

4.104　人胜我无害，彼无蓄怨之心；我胜人非福，恐有不测之祸。

4.105　书屋前，列曲槛①栽花，凿方池浸月，引活水养鱼；小窗下，焚清香读书，设净几鼓琴，卷疏帘看鹤，登高楼饮酒。

【注释】

①曲槛：曲栏，弯曲的栅栏。

4.106　人人爱睡，知其味者甚鲜。睡则双眼一合，百事俱忘，肢体皆适，尘劳尽消，即黄粱南柯，特余事已耳。静修诗云："书外论交睡最贤。"旨哉言也。

4.107　过分求福，适以速祸；安分远祸，将自得福。

4.108　倚势而凌人者，势败而人凌；恃财而侮人者，财散而人侮。此循环之道。我争者，人必争，虽极力争之，未必得；我让者，人必让，虽极力让之，未必失。

4.109　贫不能享客，而好结客；老不能徇世，而好维世；穷不能买书，而好读奇书。

4.110　沧海①日，赤城②霞，蛾眉雪，巫峡云，洞庭月，潇湘雨，彭蠡③烟，广陵④涛，庐山瀑布，合宇宙奇观，绘吾斋壁；少陵⑤诗，摩诘⑥画，左传文，马迁史，薛涛⑦笺，右军⑧帖，《南华经》，相如赋，屈子《离骚》，收古今绝艺，置我山窗。

【注释】

①沧海：东海。

②赤城：山名，因土为赤色，因此得名。

③彭蠡：鄱阳湖。

④广陵：扬州。

⑤少陵：杜甫，人称"诗圣"，因其自号少陵野老，故称其为少陵。

⑥摩诘：唐代诗人王维。

⑦薛涛：唐代女诗人。

⑧右军：王羲之，因其曾做过右军将军，故有此称。

4.111　偶饭淮阴①，定万古英雄之眼；醉题便殿②，生千秋风雅之光。

【注释】

①偶饭淮阴：淮阴侯韩信曾受漂母施舍饭食。

②醉题便殿：大寒时节，李白在偏殿为唐明皇写诏书，因天冷笔墨冻冰，唐明皇命数十宫女为李白呵气暖笔墨。

4.112　清闲无事，坐卧随心，虽粗衣淡食，自有一段真趣；纷扰不宁，忧患缠身，虽锦衣厚味，只觉万状苦愁。

4.113　我如为善，虽一介寒士，有人服其德；我如为恶，虽位极人臣，有人议其过。

4.114 读理义书，学法帖字，澄心静坐，益友清谈，小酌半醺，浇花种竹，听琴玩鹤，焚香煮茶，泛舟观山，寓意弈棋，虽有他乐，吾不易矣。

4.115 成名每在穷苦日，败事多因得志时。

4.116 宠辱不惊，肝木①自宁；动静以敬，心火自定；饮食有节，脾土不泄；调息寡言，肺金自全；怡神寡欲，肾水自足。

【注释】

①肝木：中医理论，以五行定心、肝、脾、肺、肾，肝属木。

4.117 让利精于取利，逃名巧于邀名。

4.118 彩笔描空，笔不落色，而空亦不受染；利刀割水，刀不损锷，而水亦不留痕。

4.119 唾面自干，娄师德不失为雅量①；睚眦必报，郭象玄未免为祸胎②。

【注释】

①"唾面自干"两句：典出《新唐书·娄师德传》。娄师德的弟弟驻守代州，辞官，娄师德教导弟弟要学会忍耐，其弟曰："人有唾面，洁之乃已。"娄师德却说："未也，洁之，是违其怒，正使自干耳。"

②"睚眦必报"两句：汉末董卓的两位部下郭汜、李傕因为一点小事留下嫌隙而相互攻讦。

4.120 天下可爱的人，都是可怜人；天下可恶的人，都是可惜人。事业文章，随身销毁，而精神万古如新；功名富贵，逐世转移，而气节千载一日。

4.121 读书到快目处，起一切沉沦之色；说话到洞心处，破一切暧昧之私。

4.122 谐臣媚子，极天下聪颖之人；秉正嫉邪，作世间忠直之气。隐逸林中无荣辱，道义路上无炎凉。

4.123 闻谤而怒者，谗之囮；见誉而喜者，佞之媒。

4.124 摊烛作画，正如隔帘看月，隔水看花，意在远近之间，亦文章法也。

4.125 藏锦于心，藏绣于口。藏珠玉于咳唾，藏珍奇于笔墨。得时则藏于册府①，不得则藏于名山。

【注释】

①册府：国家编纂收藏史书的地方。

4.126 读一篇轩快之书，宛见山青水白；听几句伶俐之语，如看岳立川行。

4.127 读书如竹外溪流，洒然而往；咏诗如苹末风起，勃焉而扬。

4.128 子弟①排场，有举止而谢飞扬，难博缠头之锦②；主宾御席，务廉隅③而少蕴藉④，终成泥塑之人。

【注释】

①子弟：唱戏的人。

②缠头之锦：古代的歌舞演员都要用锦包缠头部，表演深受赞赏之时，宾客往往会以罗锦相赠。

③廉隅：郑重端庄。

④蕴藉：和气。

4.129　取凉于箑，不若清风之徐来；激水于槔，不若甘雨之时降。

4.130　有快捷之才，而无所建用，势必乘愤激之处，一逞雄风；有纵横之论，而无所发明，势必乘簧鼓①之场，一恣余力。

【注释】

①簧鼓：此处暗指搬弄是非。

4.131　月榭凭栏，飞凌缥缈；云房启户，坐看氤氲。

4.132　李纳性辨急，酷尚弈棋，每下子，安详极于宽缓。有时躁怒，家人辈密以棋具陈于前，纳睹便欣然改容，取子布算，都忘其恚。

4.133　竹里登楼，远窥韵士，聆其谈名理于坐上，而人我之相可忘；花间扫石，时候棋师，观其应危劫于枰间，而胜负之机早决。

4.134　六经为庖厨，百家为异馔，三坟为瑚琏，诸子为鼓吹，自奉得无大奢，请客未必能享。

4.135　说得一句好言，此怀庶几才好；揽了一分闲事，此身永不得闲。

4.136 古人特爱松风，庭院皆植松，每闻其响，欣然往其下，曰："此可浣尽十年尘胃。"

4.137 凡名易居，只有清名难居；凡福易享，只有清福难享。

4.138 贺兰山外虚兮怨，无定河边破镜愁。

4.139 有书癖而无剪裁，徒号书厨；惟名饮而少蕴藉，终非名饮。飞泉数点雨非雨，空翠几重山又山。

4.140 夜者日之余，雨者月之余，冬者岁之余。当此三余，人事稍疏，正可一意学问。

4.141 树影横床，诗思平凌枕外；云华满纸，字意隐跃行间。

4.142 耳目宽则天地窄，争务短则日月长。

4.143 秋老洞庭，霜清彭泽。

4.144 听静夜之钟声，唤醒梦中之梦；观澄潭之月影，窥见身外之身。

4.145 事有急之不白者，宽之或自明，毋躁急以速其忿；人有操之不从者，纵之或自化，毋操切以益其顽。

4.146 士君子贫不能济物者，遇人痴迷处，出一言提醒之；遇人急难处，出一言解救之，亦是无量功德。

4.147 处父兄骨肉之变，宜从容，不宜激烈；遇朋友交游之失，宜剀切，不宜优游。

4.148 问祖宗之德泽，吾身所享者，是当念其积累之难；问子孙之福祉，吾身所贻者，是要思其倾覆之易。

4.149 韶光去矣，叹眼前岁月无多，可惜年华如疾马；长啸归与，知身外功名是假，好将姓字任呼牛。

4.150 意慕古，先存古，未敢反古；心持世，外厌世，未能离世。

4.151 苦恼世上，度不尽许多痴迷汉，人对之肠热，我对之心冷；嗜欲场中，唤不醒许多伶俐人，人对之心冷，我对之肠热。

4.152 自古及今，山之胜多妙于天成，每坏于人造。

4.153 画家之妙，皆在运笔之先，运思之际，一经点染便减神机。长于笔者，文章即如言语；长于舌者，言语即成文章。昔人谓"丹青乃无言之诗，诗句乃有言之画"，余则欲丹青似诗，诗句无言，方许各臻妙境。

4.154 舞蝶游蜂，忙中之闲，闲中之忙；落花飞絮，景中之情，情中之景。

4.155 五夜①鸡鸣，唤起窗前明月；一觉睡醒，看破梦里当年。

【注释】

①五夜：五更天。

4.156 想到非非想①，茫然天际白云；明至无无明②，浑矣台中明月。

【注释】

①非非想：佛教术语，指脱离实际的离奇空想。

②无无明：佛教术语，指大彻大悟，心中非常澄明。

4.157　逃暑深林，南风逗树；脱帽露顶，沉李浮瓜①；火宅炎宫，莲花忽迸。较之陶潜卧北窗下，自称羲皇上人，此乐过半矣。

【注释】

①沉李浮瓜：出自魏文帝曹丕《与吴质书》："浮甘瓜于清泉，沉朱李于寒水。"

4.158　霜飞空而浸雾，雁照月而猜弦。

4.159　既绵华而凋彩，亦密照而疏明。若春隰①之扬蘤②，似秋汉之含星。景澄则岩岫开镜，风生则芳树流芬。

【注释】

①春隰：湿润的春天。

②蘤：通"花"。

4.160　类君子之有道，入暗室而不欺；同至人之无迹，怀明义以应时。一翻一覆兮如掌，一死一生兮如轮。

第五卷　集素

袁石公[①]云："长安风雪夜，古庙冷铺中，乞儿丐僧，齁齁[②]如雷吼，而白髭老贵人，拥锦下帷，求一合眼不得。"呜呼！松间明月，槛外青山，未常拒人，而人自拒者何哉？集素第五。

【注释】

①袁石公：明代文学家袁宏道，公安派的代表人物，号石公。

②齁齁：鼻鼾声。

5.1　田园有真乐，不潇洒终为忙人；诵读有真趣，不玩味终为鄙夫；山水有真赏，不领会终为漫游；吟咏有真得，不解脱终为套语。

5.2　居处寄吾生，但得其地，不在高广；衣服被[①]吾体，但顺其时，不在纨绮[②]；饮食充吾腹，但适其可，不在膏粱[③]；宴乐修吾好，但致其诚，不在浮靡。

【注释】

①被：遮蔽。

②纨绮：华丽的丝织品。

③膏粱：美味佳肴。

5.3 披卷有余闲，留客坐残良夜月；褰帷①无别务，呼童耕破远山云。

【注释】

①褰帷：帷帐。

5.4 琴筋自对，鹿豕为群。任彼世态之炎凉，从他人情之反复。

5.5 家居苦事物之扰，惟田舍园亭，别是一番活计。焚香煮茗，把酒吟诗，不许胸中生冰炭①。

【注释】

①冰炭：喻指世态之炎凉。

5.6 客寓多风雨之怀，独禅林道院，转①添几种生机。染翰挥毫②，翻经问偈，肯教眼底逐风尘？

【注释】

①转：反而。
②染翰挥毫：写诗作文。

5.7 茅斋独坐茶频煮，七碗后，气爽神清；竹榻斜眠书漫抛，一枕余，心闲梦稳。

5.8 带雨有时种竹，关门无事锄花；拈笔闲删旧句，汲泉几试新茶。

5.9　余尝净一室，置一几，陈几种快意书，放一本旧法帖，古鼎焚香，素麈挥尘，意思小倦，暂休竹榻。饷时而起，则啜苦茗，信手写汉书几行，随意观古画数幅。心目间，觉洒洒灵空，面上俗尘当亦扑^①去三寸。

【注释】

①扑：擦。

5.10　但看花开落，不言人是非。

5.11　莫恋浮名，梦幻泡影有限；且寻乐事，风花雪月无穷。

5.12　白云在天，明月在地；焚香煮茗，阅偈翻经；俗念都捐，尘心顿洗。

5.13　暑中尝嘿坐，澄心闭目，作水观久之，觉肌发洒洒，几阁间似有爽气。

5.14　胸中只摆脱一"恋"字，便十分爽净，十分自在。人生最苦处，只是此心，沾泥带水，明是知得，不能割断耳。

5.15　无事以当贵，早寝以当富，安步以当车，晚食以当肉，此巧于处贫矣。

5.16　三月茶笋初肥，梅风未困；九月莼鲈正美，秫酒新香。胜友晴窗，出古人法书名画，焚香评赏，无过此时。

5.17　高枕丘中，逃名世外，耕稼以输王税，采樵以奉亲颜。新谷既升，田家大洽，肥羜^①烹以享神，枯鱼燔^②而召友。蓑笠在户，桔槔^③空悬，浊酒相命，击缶长歌，野人之乐足矣。

【注释】

①羜：小羊羔。

②燔：烤。

③桔槔：古时汲水的一种工具。

5.18　为市井草莽之臣，早输国课；作泉石烟霞之主，日远俗情。

5.19　覆雨翻云何险也，论人情只合杜门；吟风弄月忽颓然，全天真且须对酒。

5.20　春初玉树^①参差，冰花错落，琼台奇望，恍坐玄圃^②罗浮^③。若非黄昏月下，携琴吟赏，杯酒留连，则暗香浮动，疏影横斜^④之趣，何能真实际。

【注释】

①玉树：指被积雪覆盖的树木。

②玄圃：代指仙人居住的地方，相传位于昆仑山顶，有五所金台、十二座玉楼。

③罗浮：山名，位于今广东省，相传此山中有一洞，道家将其列为第七洞天。

④暗香浮动，疏影横斜：出自林和靖《山园小梅》，原句为"疏影横斜水清浅，暗香浮动月黄昏"。

5.21　性不堪虚，天渊①亦受鸢鱼②之扰；心能会境，风尘还结烟霞之娱。

【注释】

①天渊：天空、深渊。

②鸢鱼：鸢鸟和鱼。

5.22　身外有身，捉麈尾矢口闲谈，真如画饼；窍中有窍，向蒲团问心①究竟，方是力田。

【注释】

①问心：反思。

5.23　山中有三乐。薜荔①可衣，不羡绣裳；蕨薇②可食，不贪粱肉；箕踞散发，可以逍遥。

【注释】

①薜荔：木莲，一种灌木，四季常青，可以制成麻。

②蕨薇：蕨菜、薇菜。

5.24　终南当户，鸡峰如碧笋左簇，退食时秀色纷纷堕盘，山泉绕窗入厨，孤枕梦回，惊闻雨声也。

5.25　世上有一种痴人，所食闲茶冷饭，何名高致。

5.26　桑林麦陇，高下竞秀，风摇碧浪层层，雨过绿云绕绕，雉雏①春阳，鸠呼朝雨，竹篱茅舍，间以红桃白李，燕紫莺黄，寓目色相②，自多村家闲逸之想，令人便忘艳俗。

【注释】

①雉雊：野鸡啼叫。

②色相：佛教术语，指事物呈现的外在形式。

5.27　云生满谷，月照长空，洗足收衣，正是宴安时节。

5.28　眉公居山中，有客问山中何景最奇，曰："雨后露前，花朝雪夜。"又问何事最奇，曰："钓因鹤守，果遣猿收。"

5.29　古今我爱陶元亮，乡里人称马少游。

5.30　嗜酒好睡，往往闭门；俯仰进趋，随意所在。

5.31　霜水澄定，凡悬崖峭壁，古木垂萝，与片云纤月，一山映在波中，策杖临之，心境俱清绝。

5.32　亲不抬饭，虽大宾不宰牲，匪直戒奢侈而可久，亦将免烦劳以安身。

5.33　饥生阳火炼阴精，食饱伤神气不升。

5.34　心苟无事，则息自调；念苟无欲，则中自守。

5.35　文章之妙：语快令人舞，语悲令人泣，语幽令人冷，语怜令人惜，语险令人危，语慎令人密，语怒令人按剑①，语激令人投笔，语高令人入云，语低令人下石。

【注释】

①按剑：将要拔剑的姿态。

5.36　溪响松声，清听自远；竹冠兰佩①，物色俱闲。

【注释】

①竹冠兰佩：竹子编就的帽子，兰草制成的佩饰。

5.37　鄙吝一销，白云亦可赠客；渣滓尽化，明月自来照人。

5.38　存心有意无意之间，微云淡河汉①；应世②不即不离之法，疏雨滴梧桐。

【注释】

①河汉：银河。

②应世：处世。

5.39　肝胆相照，欲与天下共分秋月；意气相许，欲与天下共坐春风。

5.40　堂中设木榻四，素屏二，古琴一张，儒道佛书各数卷。乐天①既来为主，仰观山，俯听水，傍睨竹树云石，自辰及酉②，应接不暇。俄而物诱气和，外适内舒，一宿体宁，再宿心恬，三宿后，颓然嗒然，不知其然而然。

【注释】

①乐天：中唐诗人白居易，字乐天。

②自辰及酉：从早晨到晚上。

5.41　偶坐蒲团，纸窗上月光渐满，树影参差，所见非色非空，此时虽名衲敲门，山童且勿报也。

5.42　会心处不必在远。翳然^①林水，便自有濠濮间想^②也。不觉鸟兽禽鱼，自来亲人。

【注释】

①翳然：浓密葱茏的样子。

②濠濮间想：出自《庄子·秋水》，庄子与惠施二人一起在濠梁上游览，两人就鱼是否知乐进行辩论，后常以此喻指逍遥闲适的乐趣。

5.43　茶欲白，墨欲黑；茶欲重，墨欲轻；茶欲新，墨欲旧。

5.44　馥喷五木之香^①，色冷冰蚕之锦^②。

【注释】

①五木之香：古代香的一种。

②冰蚕之锦：据王嘉《拾遗记·员峤山》记载："有冰蚕长七寸，黑色，有角，有鳞。以霜雪覆之，然后作茧，丝为五彩色，织成文锦，入水不濡。经火不燎。置于屋中则一室清凉。"

5.45　筑凤台^①以思避，构仙阁而入圆^②。

【注释】

①筑凤台：化用"萧史弄玉"的典故，相传萧史擅长吹箫，赢得了秦穆公之女弄玉的青睐，秦穆公为萧史搭建了凤台，后来萧史、弄玉二人结为夫妇，吹箫引来凤凰，二人乘凤凰飞仙。

②入圆：指升天，古人认为天是圆的。

5.46　客过草堂问："何感慨而甘栖遁？"余倦于对，但拈古句答曰："得闲多事外，知足少年中。"问："是何功课？"曰："种花春扫雪，看篆夜焚香。"问："是何利养？"曰："砚田无恶岁，酒国有长春。"问："是何还往？"曰："有客来相访，通名是伏羲。"

5.47　山居胜于城市，盖有八德：不责苛礼，不见生客，不混酒肉，不竞田产，不闻炎凉，不闹曲直，不征文通，不谈士籍。

5.48　采茶欲精，藏茶欲燥，烹茶欲洁。

5.49　茶见日而夺味，墨见日而色灰。

5.50　磨墨如病儿，把笔如壮夫。

5.51　园中不能辨奇花异石，惟一片树阴，半庭藓迹，差可会心忘形。友来或促膝剧论，或鼓掌欢笑，或彼谈我听，或彼默我喧，而宾主两忘。

5.52　檐前绿蕉黄葵，老少叶①，鸡冠花，布满阶砌，移榻对之，或枕石高眠，或捉尘清话。门外车马之尘滚滚，了不相关。

【注释】

①老少叶：一种植物，又称雁来红。

5.53　夜寒坐小室中，拥炉闲话。渴则敲冰煮茗，饥则拨火煨芋。

5.54　阿衡五就①，那如莘野躬耕②；诸葛七擒③，争似南阳抱膝④。

①阿衡五就：化用商汤五请伊尹的典故，《史记·殷本纪》中记载："伊尹名阿衡……或曰伊尹处士，汤使人聘迎之，五反然后肯往从汤，言素王及九主事，汤举任以国政。"

②莘野躬耕：《孟子·万章》中有云："伊尹耕于有莘之野，而乐尧舜之道焉。"

③诸葛七擒：化用诸葛亮"七擒孟获"的历史典故。

④南阳抱膝：刘备三顾茅庐请诸葛亮出山之前，诸葛亮一直隐居于南阳，"亮每晨夜从容，常抱膝长啸"。

5.55　饭后黑甜，日中薄醉，别是洞天；茶铛酒臼，轻案绳床，寻常福地。

5.56　翠竹碧松，高僧对弈；苍苔红叶，童子煎茶。

5.57　久坐神疲，焚香仰卧，偶得佳句，即令毛颖君①就枕掌记，不则展转失去。

【注释】

①毛颖君：指毛笔，韩愈曾采用拟人的手法写下《毛颖传》。

5.58　和雪嚼梅花，羡道人之铁脚①；烧丹染香履，称先生之醉吟。

【注释】

①道士之铁脚：明张岱《夜航船》载："铁脚道人，尝爱赤脚走雪中，兴发则朗诵《南华·秋水篇》，嚼梅花满口，和雪咽之，曰：'吾欲寒香沁入心骨。'"

5.59　灯下玩花，帘内看月，雨后观景，醉里题诗，梦中闻书声，皆有别趣。

5.60　王思远扫客坐留，不若杜门；孙仲益①浮白俗谈，足当洗耳。

【注释】

①孙仲益：宋代孙觌，号鸿庆居士，擅长作诗。

5.61　铁笛吹残，长啸数声，空山答响；胡麻饭罢，高眠一觉，茂树屯阴。

5.62　编茅为屋，叠石为阶，何处风尘可到；据梧而吟，烹茶而语，此中幽兴偏长。

5.63　皂囊白简①，被人描尽半生；黄帽青鞋②，任我逍遥一世。

【注释】

①皂囊白简：代指为官生涯。皂囊，汉代大臣们上奏机密之事，都会装在皂囊之中。白简，晋代傅玄为御史中丞时，每当有弹劾奏章的时候都会手捧白简等待早朝。

②黄帽青鞋：代指平民生活。

5.64　清闲之人不可惰其四肢，又须以闲人做闲事，临古人帖，温昔年书，拂几微尘，洗砚宿墨，灌园中花，扫林中叶。觉体少倦，放身匡床上，暂息半晌可也。

5.65　待客当洁不当侈，无论不能继，亦非所以惜福。

5.66　葆真①莫如少思，寡过②莫如省事；善应莫如收心，解谬莫如淡志。

【注释】

①葆真：保持天真。

②寡过：少犯错误。

5.67　世味浓，不求忙而忙自至；世味淡，不偷闲而闲自来。

5.68　盘餐一菜，永绝腥膻，饭僧宴客，何须六甲行厨①；茆屋②三楹，仅蔽风雨，扫地焚香，安用数童缚帚。

【注释】

①六甲行厨：动用烟火做饭。六甲，即六丁，道教中的火神。

②茆屋：茅屋。

5.69　以俭胜贫，贫忘；以施代侈，侈化；以省去累，累消；以逆炼心，心定。

5.70　净几明窗，一轴画，一囊琴，一只鹤，一瓯茶，一炉香，一部法帖；小园幽径，几丛花，几群鸟，几区亭，几拳石，几池水，几片闲云。

5.71　花前无烛，松叶堪燃；石畔欲眠，琴囊可枕。

5.72　流年不复记，但见花开为春，花落为秋；终岁无所营，惟知日出而作，日入而息。

5.73　脱巾露项，斑文竹箨之冠^①；倚枕焚香，半臂华山之服^②。

【注释】

①斑文：条文。竹箨之冠：竹皮做成的帽子。汉高祖刘邦早年贫贱之时曾以竹皮做帽子，后来显贵了也时常戴着竹皮帽子。

②华山之服：道人或者仙人的衣服。

5.74　谷雨前后，为和凝汤社^①，双井白茅，湖州紫笋^②，扫臼涤铛，征泉选火。以王濛^③为品司，卢仝^④为执权，李赞皇^⑤为博士，陆鸿渐^⑥为都统。聊消渴吻，敢讳水淫，差取婴汤^⑦，以供茗战。

【注释】

①和凝汤社：典出《清异录》："和凝在朝，率同列递日以茶相饮，味劣者有罚，号为汤社。"和凝，五代时期人，曾为太子太傅、左仆射，还主管科举考试。

②双井白茅、湖州紫笋：这两种都是名茶，分别产于江西双井、浙江湖州。

③王濛：东晋时期人，爱饮茶，对茶道十分精通。

④卢仝：唐代诗人，号玉川子，有诗作《茶歌》传世，又名《走笔谢孟谏议寄新茶》。

⑤李赞皇：李德裕，唐代赵州赞皇人，故称李赞皇，擅长品茶鉴水。

⑥陆鸿渐：陆羽，嗜好品茶，被后世称为"茶圣"，著

有《茶经》。

⑦嫩汤：茶水刚刚煮沸时的嫩汤。

5.75　窗前落月，户外垂萝，石畔草根，桥头树影，可立可卧，可坐可吟。

5.76　亵狎①易契②，日流于放荡；庄厉难亲，日进于规矩。

【注释】

①亵狎：亲近而不尊重。

②契：感情融洽。

5.77　甜苦备尝好丢手，世味浑如嚼蜡；生死事大急回头，年光疾于跳丸。

5.78　若富贵，由我力取，则造物无权；若毁誉，随人脚根，则谗夫得志。

5.79　清事不可着迹。若衣冠必求奇古，器用必求精良，饮食必求异巧，此乃清中之浊，吾以为清事之一蠹。

5.80　吾之一身，常有少不同壮，壮不同老；吾之身后，焉有子能肖父，孙能肖祖？如此期，必属妄想，所可尽者，惟留好样与儿孙而已。

5.81　若想钱，而钱来，何故不想；若愁米，而米至，人固当愁。晓起依旧贫穷，夜来徒多烦恼。

5.82　半窗一几，远兴闲思，天地何其寥阔也；清晨端起，亭午高眠，胸襟何其洗涤也。

5.83　行合道义，不卜自吉；行悖道义，纵卜亦凶。

人当自卜，不必问卜。

5.84　奔走于权幸之门，自视不胜其荣，人窃以为辱；经营于利名之场，操心不胜其苦，己反以为乐。

5.85　宇宙以来有治世法，有傲世法，有维世法，有出世法，有垂世法。唐虞①垂衣，商周秉钺②，是谓治世；巢父洗耳③，袭公瞑目④，是谓傲世；首阳轻周⑤，桐江重汉⑥，是谓维世；青牛度关⑦，白鹤翔云⑧，是谓出世；若乃鲁儒一人⑨，邹传七篇⑩，始谓垂世。

【注释】

①唐虞：尧帝、舜帝。

②秉钺：手持斧，借指掌握兵权。

③巢父洗耳：相传巢父为上古时期的著名隐士，尧帝想要让位给他，他听闻之后，感觉蒙受了污点，就跑到河边洗耳。

④袭公瞑目：袭公，又称披袭公，为春秋时期的高义之士。《高士传·披袭公》记载："披袭公者，吴人也。延陵季子出游，见道中有遗金，顾披袭公曰：'取彼金。'公投镰瞑目，拂手而言曰：'何子处之高而视人之卑！五月披袭而负薪，岂取金者哉！'"

⑤首阳轻周：伯夷、叔齐原为商代孤竹国君之子，后商被周所灭，伯夷、叔齐以身为周民为耻，二人隐居于首阳山，拒绝吃周朝的粮食，最后饿死于首阳山。

⑥桐江重汉：东汉时期严光曾经和光武帝刘秀一起游学，后来隐居于桐江，光武帝十分欣赏其才能，称帝之后曾多次下诏请

其为官，严光拒不接受。

⑦青牛度关：指老子骑青牛西游出关之典故。

⑧白鹤翔云：指"丁令威化鹤"之典故，相传汉代辽东人丁令威曾经在灵墟山学道，后来化为仙鹤回到辽东，落在城门的华表之上。有少年看到了，就要用弓箭射他，丁令威飞到空中感叹道："有鸟有鸟丁令威，去家千岁今来归。城郭如故人民非，何不学仙冢累累。"

⑨鲁儒一人：孔子。

⑩邹传七篇：指孟子及其著作《孟子》七篇。

5.86　书室中修行法：心闲手懒，则观法帖，以其可逐字放置也；手闲心懒，则治迂事①，以其可作可止也；心手俱闲，则写字作诗文，以其可以兼济也；心手俱懒，则坐睡，以其不强役于神也；心不甚定，宜看诗及杂短故事，以其易于见意不滞于久也；心闲无事，宜看长篇文字，或经注，或史传，或古人文集，此又甚宜风雨之际及寒夜也。又曰："手冗心闲则思，心冗手闲则卧，心手俱闲则著作书字，心手俱冗则思早毕其事，以宁吾神。"

【注释】

①治迂事：做舒缓的事。

5.87　片时清畅，即享片时；半景幽雅，即娱半景，不必更起姑待之心。

5.88 一室经行①，贤于九衢奔走；六时②礼佛，清于五夜③朝天。

【注释】

①经行：佛教术语，指信徒们为了排遣心中的郁结，在某一处徘徊。

②六时：佛教将一天二十四小时划分为六个时辰，白天分为晨朝、日中、日没，晚上分为初夜、中夜、后夜。

③五夜：古时一夜分为五更，故五夜为一整夜。

5.89 会意不求多，数幅晴光摩诘①画；知心能有几，百篇野趣少陵②诗。

【注释】

①摩诘：王维，擅长行诗作画。

②少陵：杜甫，号少陵野老，故又称杜少陵。

5.90 醇醪百斛，不如一味太和之汤；良药千包，不如一服清凉之散。

5.91 闲暇时，取古人快意文章，朗朗读之，则心神超逸，须眉开张。

5.92 修净土者，自净其心，方寸居然莲界；学禅坐者，达禅之理，大地尽作蒲团。

5.93 衡门①之下，有琴有书。载弹载咏，爰得我娱。岂无他好，乐是幽居。朝为灌园，夕偃蓬庐。

【注释】

①衡门：简陋的小屋。

5.94　因葺旧庐，疏渠引泉，周以花木，日哦^①其间；故人过逢，瀹茗^②弈棋，杯酒淋浪，殆非尘中物也。

【注释】

①哦：吟咏。

②瀹茗：煮茶。

5.95　逢人不说人间事，便是人间无事人。

5.96　闲居之趣，快活有五。不与交接，免拜送之礼，一也；终日可观书鼓琴，二也；睡起随意，无有拘碍，三也；不闻炎凉嚣杂，四也；能课子耕读，五也。

5.97　虽无丝竹管弦之盛，一觞一咏，亦足以畅叙幽情。

5.98　独卧林泉，旷然自适，无利无营，少思寡欲，修身出世法也。

5.99　茅屋三间，木榻一枕，烧清香，啜苦茗，读数行书，懒倦便高卧松梧之下，或科头^①行吟。日常以苦茗代肉食，以松石代珍奇，以琴书代益友，以著述代功业，此亦乐事。

【注释】

①科头：指只扎着头发却不戴帽子。

5.100　挟怀朴素，不乐权荣；栖迟僻陋，忽略利名；葆守恬淡，希时安宁；晏然闲居，时抚瑶琴。

5.101　人生自古七十少，前除幼年后除老。中间光景不多时，又有阴晴与烦恼。到了中秋月倍明，到了清明花更好。花前月下得高歌，急须漫把金樽倒。世上财多赚不尽，朝里官多做不了。官大钱多身转劳，落得自家头白早。请君细看眼前人，年年一分埋青草。草里多多少少坟，一年一半无人扫。

5.102　饥乃加餐，菜食美于珍味；倦然后睡，草蓐胜似重裀。

5.103　流水相忘游鱼，游鱼相忘流水，即此便是天机；太空不碍浮云，浮云不碍太空，何处别有佛性？

5.104　颇怀古人之风，愧无素屏之赐，则青山白云，何在非我枕屏。

5.105　江山风月，本无常主，闲者便是主人。

5.106　入室许清风，对饮惟明月。

5.107　山房置一钟，每于清晨良宵之下，用以节歌，令人朝夕清心，动念和平。李秃谓："有杂想，一击遂忘；有愁思，一撞遂扫。"知音哉！

5.108　潭涧之间，清流注泻，千岩竞秀，万壑争流，却自胸无宿物，漱清流，令人濯濯清虚，日来非惟使人情开涤，可谓一往有深情。

5.109　林泉之浒，风飘万点，清露晨流，新桐初引，萧然无事，闲扫落花，足散人怀。

5.110　浮云出岫，绝壁天悬，日月清朗，不无微云点缀。看云飞轩轩霞举，踞胡床与友人咏谑，不复滓秽太清。

5.111　山房之磬，虽非绿玉，沉明轻清之韵，尽可节清歌、洗俗耳。山居之乐，颇惬冷趣，煨落叶为红炉，况负暄于岩户。土鼓催梅，荻灰暖地，虽潜凛以萧索，见素柯之凌岁。同云不流，舞雪如醉，野因旷而冷舒，山以静而不晦。枯鱼在悬，浊酒已注，朋徒我从，寒盟可固，不惊岁暮于天涯，即是挟纩于孤屿。

5.112　步障①锦千层，氍毹②紫万叠，何似编叶成帏，聚茵为褥？绿阴流影清入神，香气氤氲彻人骨，坐来天地一时宽，闲放风流晓清福。

【注释】

①步障：用于遮蔽风尘的屏障。

②氍毹：毛或毛线等织成的地毯。

5.113　送春而血泪满腮，悲秋而红颜惨目。

5.114　翠羽欲流，碧云为飓。

5.115　郊中野坐，固可班荆；径里闲谈，最宜拂石。侵云烟而独冷，移开清啸胡床；藉①草木以成幽，撤去庄严莲界。况乃枕琴夜奏，逸韵更扬；置局午敲，清声甚远。洵幽栖之胜事，野客之虚位也。

①藉：借。

5.116　饮酒不可认真，认真则大醉，大醉则神魂昏乱。在书为沉湎，在诗为童羖，在礼为豢豕，在史为狂药。何如但取半酣，与风月为侣？

5.117　家鸳鸯湖滨，饶蒹葭凫鹥，水月淡荡之观。客啸渔歌，风帆烟艇①，虚无出没，半落几上，呼野衲而泛斜阳，无过此矣！

【注释】

①风帆烟艇：风吹动船帆，水烟笼罩小舟。

5.118　雨后卷帘看霁色，却疑苔影上花来。

5.119　月夜焚香，古桐①三弄，便觉万虑都忘，妄想尽绝。试看香是何味？烟是何色？穿窗之白是何影？指下之余是何音？恬然乐之而悠然忘之者，是何趣？不可思量处，是何境？

【注释】

①古桐：古代的琴往往是桐木做成的，故称古琴为古桐。

5.120　贝叶之歌①无碍，莲花之心②不染。

【注释】

①贝叶之歌：古印度往往将经文写在贝叶上，而佛教又是从印度传来的，因此以其指佛教经文。

②莲花之心：本指莲花的胚芽，在此以莲花象征佛境。

5.121　河边共指星为客，花里空瞻月是卿。

5.122　人之交友，不出"趣味"两字，有以趣胜者，有以味胜者。然宁饶于味，而无饶于趣。

5.123　守恬淡以养道，处卑下以养德，去嗔怒以养性，薄滋味以养气。

5.124　吾本薄福人，宜行惜福事；吾本薄德人，宜行厚德事。

5.125　知天地皆逆旅，不必更求顺境；视众生皆眷属，所以转成冤家。

5.126　只宜于着意处写意，不可向真景处点景。

5.127　只愁名字有人知，涧边幽草；若问清盟谁可托，沙上闲鸥。山童率草木之性，与鹤同眠；奚奴领歌咏之情，检韵①而至。闭户读书，绝胜入山修道；逢人说法②，全输③兀坐扪心。

【注释】

①检韵：和着韵律。

②说法：讲经论法。

③输：比不上。

5.128　砚田登大有①，虽千仓珠粟，不输两税②之征；文锦运机杼③，纵万轴龙文④，不犯九重之禁⑤。

①砚田：砚台笔墨这块田地，指写诗作文。大有：丰收。

②两税：田赋、丁税。

③机杼：本为织布的工具，在此指行诗作文的匠心。

④龙文：龙纹，喻指华丽的辞藻。

⑤九重之禁：朝廷的禁令。古代皇帝自命为真龙天子，禁止他人衣饰上带有龙的花纹。

5.129　步明月于天衢，揽锦云于江阁。

5.130　幽人清课，讵但啜茗焚香；雅士高盟，不在题诗挥翰。

5.131　以养花之情自养，则风情日闲；以调鹤之性自调，则真性自美。

5.132　热汤如沸，茶不胜酒；幽韵如云，酒不胜茶。茶类隐，酒类侠。酒固道广，茶亦德素。

5.133　老去自觉万缘都尽，那管人是人非；春来倘有一事关心，只在花开花谢。

5.134　是非场里，出入逍遥；顺逆境中，纵横自在。竹密何妨水过，山高不碍云飞。

5.135　口中不设雌黄，眉端不挂烦恼，可称烟火神仙；随意而栽花柳，适性以养禽鱼，此是山林经济。

5.136　午睡醒来，颓然自废，身世庶几浑忘①；晚炊既收，寂然无营，烟火听其更举。

①庶几浑忘：差点全忘了。

5.137　花开花落春不管，拂意事休对人言；水暖水寒鱼自知，会心处还期独赏。

5.138　心地上无风涛①，随在皆青山绿水；性天中有化育②，触处见鱼跃鸢飞。

【注释】

①风涛：喻指心中的愤恨之情。

②化育：万物勃勃生长。

5.139　宠辱不惊，闲看庭前花开花落；去留无意，漫随天外云卷云舒。斗室中万虑都捐，说甚画栋飞云，珠帘卷雨①；三杯后一真自得，谁知素弦横月，短笛吟风。

【注释】

①画栋飞云，珠帘卷雨：语出唐代王勃《滕王阁序》："画栋朝飞南浦云，珠帘暮卷西山雨。"

5.140　得趣不在多，盆池拳石间，烟霞具足；会景不在远，蓬窗竹屋下，风月自赊。会得个中趣，五湖之烟月尽入寸衷①；破得眼前机，千古之英雄都归掌握。

【注释】

①入寸衷：进入心中。

5.141　细雨闲开卷，微风独弄琴。

5.142　水流任意景常静，花落虽频心自闲。

5.143　残曛^①供白醉，傲他附热之蛾；一枕余黑甜^②，输却分香之蝶。闲为水竹云山主，静得风花雪月权。

【注释】

①残曛：落日的余光。

②黑甜：白天睡觉。

5.144　半幅花笺入手，剪裁就腊雪春冰；一条竹杖随身，收拾尽燕云楚水。

5.145　心与竹俱空，问是非何处安觉；貌偕松共瘦，知忧喜无由上眉。

5.146　芳菲林圃看蜂忙，觑破几多尘情世态；寂寞衡茆观燕寝，发起一种冷趣幽思。

5.147　何地非真境？何物非真机？芳园半亩，便是旧金谷^①；流水一湾，便是小桃源^②。林中野鸟数声，便是一部清鼓吹；溪上闲云几片，便是一幅真画图。

【注释】

①金谷：晋代石崇所建的金谷园，位于洛阳西北方向，极为华丽奢靡。

②桃源：东晋陶渊明笔下的桃花源。

5.148　人在病中，百念灰冷，虽有富贵，欲享不可，反羡贫贱而健者。是故人能于无事时常作病想，一切名利之心，自然扫去。

5.149　竹影入帘，蕉阴荫槛，故蒲团一卧，不知身在冰壶鲛室^①。

【注释】

①冰壶：盛放着冰的玉壶。鲛室：晋代张华《博物志》中记载："南海水有鲛人，水居如鱼，不废织绩，其眼能泣珠。"比喻极为清冷之室。

5.150　霜降木落时，入疏林深处，坐树根上，飘飘叶点衣袖，而野鸟从梢飞来窥人。荒凉之地，殊^①有清旷之致。

【注释】

①殊：小。

5.151　明窗之下，罗列图史琴尊^①以自娱。有兴则泛小舟，吟啸览古于江山之间。渚茶野酿，足以消忧；莼鲈稻蟹^②，足以适口。又多高僧隐士，佛庙绝胜。家有园林，珍花奇石，曲沼高台，鱼鸟流连，不觉日暮。

【注释】

①尊：通"樽"，酒樽。

②莼鲈稻蟹：莼菜、鲈鱼、稻米、螃蟹。

5.152　山中莳花种草，足以自娱，而地朴人荒，泉石都无，丝竹绝响，奇士雅客亦不复过，未免寂寞度日。

然泉石以水竹代，丝竹以莺舌蛙吹代，奇士雅客以蠹简①代，亦略相当。

【注释】

①蠹简：被蠹虫毁坏的书简。

5.153　闲中觅伴书为上，身外无求睡最安。

5.154　栽花种竹，未必果出闲人；对酒当歌，难道便称侠士？

5.155　虚堂留烛，抄书尚存老眼；有客到门，挥麈①但说青山。

【注释】

①麈：麈尘，常用于拂扫灰尘。

5.156　帝子之望巫阳①，远山过雨；王孙之别南浦，芳草连天。

【注释】

①帝子之望巫阳：化用宋玉《高唐赋》中楚怀王与巫山神女相会之典故。

5.157　室距桃源，晨夕恒滋兰蕖①；门开杜径②，往来惟有羊裘③。

【注释】

①蕖：荷花。

②杜径：唐代杜甫《客至》诗云："花径不曾缘客扫，蓬门今始为君开。"

③羊裘：古代著名的隐士羊裘公，代指隐士。

5.158　枕长林而披史①，松子为餐；入丰草以投闲，蒲根可服。

【注释】

①披史：批阅史书。

5.159　一泓溪水柳分开，尽道清虚搅破；三月林光花带去，莫言香分消残。

5.160　荆扉昼掩，闲庭宴然①，行云流水襟怀；隐不违亲，贞不绝俗，太山乔岳气象。

【注释】

①宴然：十分宁静的样子。

5.161　窗前独榻频移，为亲夜月；壁上一琴常挂，时拂天风。

5.162　萧斋香炉，书史酒器俱捐；北窗石枕，松风茶铛将沸。

5.163　明月可人，清风披坐，班荆问水，天涯韵士高人，下箸佐觞，品外涧毛溪蕨，主之荣也；高轩寒户，肥马嘶门，命酒呼茶，声势惊神震鬼，叠筵累几，珍奇罄地穷天，客之辱也。

5.164　贺函伯坐径山竹里，须眉皆碧；王长公龛杜鹃楼下，云母都红。

5.165　坐茂树以终日，濯清流以自洁。采于山，美可茹；钓于水，鲜可食。

5.166　年年落第，春风徒泣于迁莺；处处羁游，夜雨空悲于断雁。金壶霪润，瑶管春容。

5.167　菜甲初长，过于酥酪。寒雨之夕，呼童摘取，佐酒夜谈，嗅其清馥之气，可涤胸中柴棘，何必纯灰三斛！

5.168　暖风春座酒，细雨夜窗棋。

5.169　秋冬之交，夜静独坐，每闻风雨潇潇，既凄然可愁，亦复悠然可喜。至酒醒灯昏之际，尤难为怀。

5.170　长亭烟柳，白发犹劳，奔走可怜名利客；野店溪云，红尘不到，逍遥时有牧樵人。天之赋命实同，人之自取则异。

5.171　富贵大是能俗人之物，使吾辈当之，自可不俗。然有此不俗胸襟，自可不富贵矣。

5.172　风起思莼，张季鹰之胸怀落落；春回到柳，陶渊明之兴致翩翩。然此二人，薄宦投簪，吾犹嗟其太晚。

5.173　黄花红树，春不如秋；白云青松，冬亦胜夏。春夏园林，秋冬山谷，一心无累，四季良辰。

5.174　听牧唱樵歌，洗尽五年尘土肠胃；奏繁弦急管，何如一派山水清音。

5.175 孑然一身，萧然四壁，有识者当此，虽未免以冷淡成愁，断不以寂寞生悔。

5.176 从五更枕席上参看心体，心未动，情未萌，才见本来面目；向三时饮食中谙练世味，浓不欣，淡不厌，方为切实工夫。

5.177 瓦枕石榻，得趣处下界有仙；木食草衣，随缘时西方无佛。

5.178 当乐境而不能享者，毕竟是薄福之人；当苦境而反觉甘者，方才是真修之士。

5.179 半轮新月数竿竹，千卷藏书一盏茶。

5.180 偶向水村江郭，放不系之舟；还从沙岸草桥，吹无孔之笛。

5.181 物情以常无事为欢颜，世态以善托故为巧术。

5.182 善救时，若和风之消酷暑；能脱俗，似淡月之映轻云。

5.183 廉所以惩贪，我果不贪，何必标一廉名，以来贪夫之侧目；让所以息争，我果不争，又何必立一让名，以致暴客之弯弓。

5.184 曲高每生寡和之嫌，歌唱需求同调；眉修多取入宫之妒，梳洗切莫倾城。

5.185 随缘便是遣缘，似舞蝶与飞花共适；顺事自然无事，若满月偕盆水同圆。

5.186　耳根似飙谷投响，过而不留，则是非俱谢；心境如月池浸色，空而不着，则物我两忘。

5.187　心事无不可对人语，则梦寐俱清；行事无不可使人见，则饮食俱稳。

第六卷　集景

　　结庐松竹之间，闲云封户；徙倚①青林之下，花瓣沾衣。芳草盈阶，茶烟几缕；春光满眼，黄鸟一声。此时可以诗，可以画，而正恐诗不尽言，画不尽意。而高人韵士，能以片言数语尽之者，则谓之诗可，谓之画可，谓高人韵士之诗画亦无不可。集景第六。

【注释】

　　①徙倚：徘徊。

　　6.1　花关①曲折，云来不认湾头；草径幽深，落叶但敲门扇。

【注释】

　　①关：关山。

　　6.2　细草微风，两岸晚山迎短棹①；垂杨残月，一江春水送行舟。

【注释】

　　①短棹：本指船桨，代指船只。

6.3 草色伴河桥，锦缆晓牵三竺①雨；花阴连野寺，布帆晴挂六桥②烟。

【注释】

①三竺：杭州的天竺山上有三座寺庙，分别为上天竺、中天竺、下天竺。

②六桥：宋代苏轼在杭州为官时建造的映波、锁澜、望山、压堤、东浦、跨虹六座桥。

6.4 闲步畎亩间，垂柳飘风，新秧翻浪，耕夫荷农器，长歌相应，牧童稚子，倒骑牛背，短笛无腔，吹之不休，大有野趣。

6.5 夜阑人静，携一童立于清溪之畔，孤鹤忽唳，鱼跃有声，清入肌骨。

6.6 垂柳小桥，纸窗竹屋，焚香燕坐，手握道书一卷，客来则寻常茶具，本色清言，日暮乃归，不知马蹄为何物。

6.7 门内有径，径欲曲；径转有屏：屏欲小；屏进有阶，阶欲平；阶畔有花，花欲鲜；花外有墙，墙欲低；墙内有松，松欲古：松底有石，石欲怪；石面有亭，亭欲朴；亭后有竹，竹欲疏；竹尽有室，室欲幽；室旁有路，路欲分；路合有桥，桥欲危；桥边有树，树欲高；树阴有草，草欲青；草上有渠，渠欲细；渠引有泉，泉欲瀑；泉去有山，山欲深：山下有屋，屋欲方；屋角有圃，圃欲宽；圃中有鹤，鹤欲舞；鹤报有客，客不俗；

客至有酒，酒欲不却；酒行有醉，醉欲不归。

6.8　清晨林鸟争鸣，唤醒一枕春梦。独黄鹂百舌^①，抑扬高下，最可人意。

【注释】

①百舌：鸟名，叫声动听，如同百鸟鸣叫，因此称为"百舌"。

6.9　高峰入云，清流见底。两岸石壁，五色交辉；青林翠竹，四时俱备。晓雾将歇，猿鸟乱鸣；日夕欲颓，池鳞竞跃。实欲界之仙都。自康乐以来，未有能与其奇者。

6.10　曲径烟深，路接杏花酒舍；澄江日落，门通杨柳渔家。

6.11　长松怪石，去墟落不下一二十里。鸟径^①缘崖，涉水于草莽间数四。左右两三家相望，鸡犬之声相闻。竹篱草舍，燕处其间，兰菊艺之，霜月春风，日有余思。临水时种桃梅，儿童婢仆皆布衣短褐，以给薪水^②，酿村酒而饮之。案有《诗》《书》《庄周》《太玄》《楚辞》《黄庭》《阴符》《楞严》《圆觉》，数十卷而已。杖藜蹑屐^③，往来穷谷大川，听流水，看激湍，鉴澄潭，步危桥，坐茂树，探幽壑，升高峰，不亦乐乎！

【注释】

①鸟径：十分狭窄的小道。
②薪水：柴薪、泉水，代指打柴、取水。

③杖藜蹑屐：拄着杖藜，穿着木屐。

6.12　天气晴朗，步出南郊野寺，沽酒饮之。半醉半醒，携僧上雨花台[①]，看长江一线，风帆摇曳，钟山[②]紫气，掩映黄屋[③]，景趣满前，应接不暇。

【注释】

①雨花台：典出梁武帝时期，得道高僧在台上谈经说法，天空中飘落花雨，后人便将此地命名为“雨花台”。

②钟山：紫金山。

③黄屋：宫殿。

6.13　净扫一室，用博山炉爇沉水香，香烟缕缕，直透心窍，最令人精神凝聚。

6.14　每登高丘，步邃谷，延留燕坐，见悬崖瀑流，寿木垂萝，闷邃岑寂之处，终日忘返。

6.15　每遇胜日有好怀，袖手哦古人诗足矣。青山秀水，到眼即可舒啸，何必居篱落下，然后为己物？

6.16　柴门不扃，筠帘半卷，梁间紫燕，呢呢喃喃，飞出飞入。山人以啸咏佐之，皆各适其性。

6.17　风晨月夕，客去后，蒲团可以双跏；烟岛云林，兴来时，竹杖何妨独往。

6.18　三径竹间，日华澹澹，固野客之良辰；一偏窗下，风雨潇潇，亦幽人之好景。乔松十数株，修竹千余竿。青萝为墙垣，白石为鸟道。流水周于舍下，飞泉落于檐间。绿柳白莲，罗生池砌。时居其中，无不快心。

6.19　人冷因花寂，湖虚受雨喧。

6.20　有屋数间，有田数亩。用盆为池，以瓮为牖。墙高于肩，室大于斗。布被暖余，藜藿饱后。气吐胸中，充塞宇宙。笔落人间，辉映琼玖。人能知止，以退为茂。我自不出，何退之有？心无妄想，足无妄走。人无妄交，物无妄受。炎炎论之，甘处其陋。绰绰言之，无出其右。羲轩之书，未尝去手。尧舜之谈，未尝离口。谭中和天，同乐易友。吟自在诗，饮欢喜酒。百年升平，不为不偶。七十康彊，不为不寿。

6.21　中庭蕙草销雪，小苑梨花梦云。

6.22　以江湖相期，烟霞相许，付同心之雅会，托意气之良游。或闭户读书，累月不出；或登山玩水，竟日忘归。斯贤达之素交，盖千秋之一遇。

6.23　荫映岩流之际，偃息琴书之侧。寄心松竹，取乐鱼鸟，则淡泊之愿，于是毕矣。

6.24　庭前幽花时发，披览既倦，每啜茗对之，香色撩人，吟思忽起，遂歌一古诗，以适清兴。

6.25　凡静室，须前栽碧梧，后种翠竹，前檐放步[1]，北用暗窗，春冬闭之，以避风雨，夏秋可开，以通凉爽。然碧梧之趣，春冬落叶，以舒负暄融和之乐，夏秋交荫，以蔽炎烁蒸烈之气。四时得宜，莫此为胜。

【注释】

①前檐放步：前面的屋檐宽阔些，在屋檐下可以闲庭信步。

6.26 家有三亩园，花木郁郁。客来煮茗，谈上都贵游、人间可喜事，或茗寒酒冷，宾主相忘。其居与山谷相望，暇则步草径相寻。

6.27 良辰美景，春暖秋凉，负杖蹑履，逍遥自乐，临池观鱼，披林听鸟，酌酒一杯，弹琴一曲，求数刻之乐，庶几①居常以待终。筑室数楹，编槿②为篱，结茅为亭。以三亩荫竹树栽花果，二亩种蔬菜，四壁清旷，空诸所有，蓄山童灌园薙草，置二三胡床着亭下，挟书剑以伴孤寂，携琴弈以迟良友，此亦可以娱老。

【注释】

①庶几：差不多。

②槿：木槿树。

6.28 一径阴开，势隐蛇蟺之致，云到成迷；半阁孤悬，影回缥缈之观，星临可摘。

6.29 几分春色，全凭狂花疏柳安排；一派秋容，总是红蓼白苹妆点。

6.30 南湖水落，妆台之明月犹悬；西廊烟销，绣榻之彩云不散。

6.31 秋竹沙中淡，寒山寺里深。

6.32 野旷天低树，江清月近人。

6.33 潭水寒生月，松风夜带秋。

6.34 春山艳冶如笑，夏山苍翠如滴，秋山明净如妆，冬山惨淡如睡。

6.35　眇眇乎春山，淡冶而欲笑；翔翔乎空丝，绰约而自飞。

6.36　盛暑持蒲，榻铺竹下，卧读《骚》《经》^①，树影筛风，浓阴蔽日，丛竹蝉声，远远相续，蘧然入梦。醒来命取榅桲发，汲石涧流泉，烹云芽一啜，觉两腋生风。徐步草玄亭，芰荷出水，风送清香，鱼戏冷泉，凌波跳掷。因涉东皋^②之上，四望溪山罨画^③，平野苍翠。激气发于林瀑，好风送之水涯，手挥麈尾，清兴洒然。不待法雨凉雪，使人火宅之念都冷。山曲小房，入园窈窕幽径，绿玉万竿。中汇涧水为曲池，环池竹树云石，其后平冈逶迤^④，古松鳞鬣，松下皆灌丛杂木，茑萝^⑤骈织，亭榭翼然。夜半鹤唳清远，恍如宿花坞间，闻哀猿啼啸，嘹呖惊霜，初不辨其为城市为山林也。

【注释】

①《骚》《经》：《离骚》《诗经》。

②皋：高地。

③罨画：颜色鲜明的图画。

④逶迤：蜿蜒曲折且连绵不断。

⑤茑萝：蔓草、藤萝。

6.37　一抹万家，烟横树色，翠树欲流，浅深间布，心目竞观，神情爽涤。

6.38　万里澄空，千峰开霁，山色如黛，风气如秋，浓阴如幕，烟光如缕。笛响如鹤唳，经飔如呻唔^①，温言如春絮，冷语如寒冰，此景不应虚掷。

【注释】

①咿唔：象声词，形容读书的声音。

6.39　山房置古琴一张，质虽非紫琼绿玉，响不在焦尾、号钟①，置之石床，快作数弄。深山无人，水流花开，清绝冷绝。

【注释】

①焦尾、号钟：两架古代名琴。

6.40　密竹轶云，长林蔽日，浅翠娇青，笼烟惹湿，构数椽其间，竹树为篱，不复葺垣。中有一泓流水，清可漱齿，曲可流觞，放歌其间，离披蒨郁，神涤意闲。

6.41　抱影寒窗，霜夜不寐，徘徊松竹下。四山月白，露坠冰柯，相与咏李白《静夜思》，便觉冷然。寒风就寝，复坐蒲团，从松端看月，煮茗佐谈，竟此夜乐。

6.42　云晴叆叇①，石楚流滋②。狂飙忽卷，珠雨淋漓。黄昏孤灯明灭，山房清旷，意自悠然。夜半松涛惊飐，蕉园鸣琅籁坎之声③，疏密间发，愁乐交集，足写幽怀。

【注释】

①叆叇：太阳被云遮住。

②石楚流滋：古代建筑的柱子下通常有石础，当石础潮湿的

时候往往预示着要下雨。

③窾坎之声：敲打空心物体发出的声音。

6.43　四林皆雪，登眺时见絮起风中^①，千峰堆玉，鸦翻城角，万壑铺银。无树飘花，片片绘子瞻之壁^②；不妆散粉，点点糁原宪之羹^③。飞霰入林，回风折竹，徘徊凝览，以发奇思。画冒雪出云之势，呼松醪茗饮之景。拥炉煨芋，欣然一饱，随作雪景一幅，以寄僧赏。

【注释】

①絮起风中：典出《世说新语·言语》"才女谢道韫咏絮"的故事："谢太傅寒雪日内集，与儿女讲论文义，俄而雪骤，公欣然曰：'白雪纷纷何所似？'兄子胡儿曰：'撒盐空中差可拟。'兄女曰：'未若柳絮因风起。'"

②子瞻之壁：语出苏轼（字子瞻）《念奴娇·赤壁怀古》："乱石穿空，惊涛拍岸，卷起千堆雪。"

③原宪之羹：典出孔子弟子原宪，其志向淡泊，一生安贫乐道，是"贫贱不能移"的代表。

6.44　孤帆落照中，见青山映带，征鸿回渚，争栖竞啄，宿水鸣云，声凄夜月，秋飙萧瑟，听之黯然，遂使一夜西风，寒生露白。万山深处，一泓涧水，四周削壁，石磴崭岩，丛木蓊郁，老猿穴其中，古松屈曲，高拂云颠，鹤来时栖其顶。每至晴初霜旦，林寒涧肃，高猿长啸，属引凄异，风声鹤唳，隙呖惊霜，闻之令人凄绝。

6.45　春雨初霁，园林如洗，开扉闲望，见绿畴麦浪层层，与湖头烟水相映带，一派苍翠之色，或从树杪流来，或自溪边吐出。支笻散步，觉数十年尘土肺肠，俱为洗净。

6.46　四月有新笋、新茶、新寒豆、新含桃，绿阴一片，黄鸟数声，乍晴乍雨，不暖不寒，坐间非雅非俗，半醉半醒，尔时如从鹤背飞下耳。

6.47　名从刻竹，源分渭亩之云①；倦以据梧，清梦郁林之石②。

【注释】

①渭亩之云：语出《史记》："渭川千亩竹。"渭亩，竹子。形容竹子像云一样多。

②郁林之石：典出东汉时期，郁林太守陆绩做官时十分清廉，后来罢官归故里，途中坐船时由于行李太少导致船身不稳，无奈只能搬石头作为行李渡海。

6.48　夕阳林际，蕉叶堕而鹿眠；点雪炉头，茶烟飘而鹤避。

6.49　高堂客散，虚户风来，门设不关，帘钩欲下。横轩有狻猊①之鼎，隐几皆龙马之文，流览云端，寓观濠上②。

【注释】

①狻猊：一种猛兽，样子和狮子略像。

②濠上：典出《庄子·秋水》，庄子与惠施游于濠梁之上。后人以此代指逍遥自在的地方。

6.50　山经秋而转淡，秋入山而倍清。

6.51　山居有四法：树无行次，石无位置，屋无宏肆，心无机事。

6.52　花有喜、怒、寤、寐、晓、夕，浴花者得其候，乃为膏雨。淡云薄日，夕阳佳月，花之晓也；狂号连雨，烈焰浓寒，花之夕也；檀唇烘日，媚体藏风，花之喜也；晕酣神敛，烟色迷离，花之愁也；欹枝困槛，如不胜风，花之梦也；嫣然流盼，光华溢目，花之醒也。

6.53　海山微茫而隐见，江山严厉而峭卓，溪山窈窕而幽深，塞山童颠而堆阜，桂林之山绵衍庞傅，江南之山峻峭巧丽。山之形色，不同如此。

6.54　杜门①避影，出山一事，不到梦寐间。春昼花阴，猿鹤饱卧，亦五云之余荫。

【注释】

①杜门：关门。

6.55　白云徘徊，终日不去。岩泉一支，潺湲斋中。春之昼，秋之夕，既清且幽，大得隐者之乐，惟恐一日移去。

6.56　与衲子①辈坐林石上，谈因果，说公案②，久之，松际月来，振衣而起，踏树影而归，此日便是虚度。

①衲子：本指僧人所穿的衣服，此处代指僧人。

②公案：佛教禅宗常常运用佛理来解释疑难问题，如同官府判案，因此称为"公案"。

6.57　结庐人境，植杖山阿①，林壑地之所丰，烟霞性之所适，荫丹桂，藉白茅，浊酒一杯，清琴数弄，诚足乐也。

【注释】

①山阿：山岳。

6.58　辋水①沦涟，与月上下。寒山远火，明灭林外。深巷小犬，吠声如豹。村虚夜舂，复与疏钟相间。此时独坐，童仆静默。

【注释】

①辋水：水名，唐代诗人王维曾在此隐居。

6.59　东风开柳眼，黄鸟骂桃奴①。

【注释】

①桃奴：秋天没有被采摘，经过冬天之后已经风干的桃子。

6.60　晴雪长松，开窗独坐，恍如身在冰壶；斜阳芳草，携杖闲吟，信是人行图画。

6.61　小窗下修篁萧瑟，野鸟悲啼；峭壁间醉墨淋漓，山灵呵护。

6.62 霜林之红树，秋水之白蘋。

6.63 云收便悠然共游，雨滴便泠然俱清，鸟啼便欣然有会，花落便洒然有得。

6.64 千竿修竹，周遭半亩方塘；一片白云，遮蔽五株柳垂。山馆秋深，野鹤唳残清夜月；江园春暮，杜鹃啼断落花风。

6.65 青山非僧不致，绿水无舟更幽；朱门有客方尊，缁衣绝粮益韵。

6.66 杏花疏雨，杨柳轻风，兴到欣然独往；村落烟横，沙滩月印，歌残倏尔①言旋。

【注释】

①倏尔：形容很快，时间很短。

6.67 赏花酤酒，酒浮园菊方三盏；睡醒问月，月到庭梧第二枝。此时此兴，亦复不浅。

6.68 几点飞鸦，归来绿树；一行征雁，界破青天。

6.69 看山雨后，霁色一新，便觉青山倍秀；玩月江中，波光千顷，顿令明月增辉。

6.70 楼台落日，山川出云。

6.71 玉树之长廊半阴，金陵之倒景犹赤。

6.72 小窗偃卧，月影到床，或逗留于梧桐，或摇乱于杨柳；翠华扑被，神骨俱仙，及从竹里流来，如自苍云吐出。

6.73　清送素蛾之环佩，逸移幽土之羽裳。想思足慰于故人，清啸自纡于良夜。

6.74　绘雪者，不能绘其清；绘月者，不能绘其明；绘花者，不能绘其香；绘风者，不能绘其声；绘人者，不能绘其情。

6.75　读书宜楼，其快有五：无剥啄之惊，一快也；可远眺，二快也；无湿气浸床，三快也；木末竹颠，与鸟交语，四快也；云霞宿高檐，五快也。

6.76　山径幽深，十里长松引路，不倩金张；俗态纠缠，一编残卷疗人，何须卢扁。

6.77　喜方外之浩荡，叹人间之窘束。逢阆苑之逸客，值蓬莱之故人。

6.78　忽据梧而策杖，亦披裘而负薪。

6.79　出芝田而计亩，入桃源而问津。菊花两岸，松声一丘，叶动猿来，花惊鸟去。阅丘壑之新趣，纵江湖之旧心。

6.80　篱边杖履送僧，花须列于巾角①；石上壶觞坐客，松子落我衣裾。

【注释】

①巾角：头巾。

6.81　远山宜秋，近山宜春，高山宜雪，平山宜月。

6.82　烟霞润色，荃夷结芳。出涧幽而泉冽，入山户而松凉。

6.83　旭日始暖，蕙草可织；园桃红点，流水碧色。

6.84　玩飞花之度窗，看春风之入柳。忽翔飞而暂隐，时凌空而更飏。

6.85　竹依窗而弄影，兰因风而送香。风暂下而将飘，烟才高而不暝。

6.86　悠扬绿柳，讶合浦之同归；缭绕青霄，环五星之一气。

6.87　缛绣起于缇纺，烟霞生于灌莽。

第七卷　集韵

人生斯世，不能读尽天下秘书灵笈。有目而昧^①，有口而哑，有耳而聋，而面上三斗俗尘，何时扫去？则韵之一字，其世人对症之药乎？虽然，今世且有焚香啜茗，清凉在口，尘俗在心，俨然自附于韵，亦何异三家村老姬，动口念阿弥，便云升天成佛也。集韵第七。

【注释】

①昧：看不清楚。

7.1　陈恺家蓄数姬，每日晚藏花一枝，使诸姬射覆，中者留宿，时号"花媒"。

7.2　清斋幽闭，时时暮雨打梨花；冷句忽来，字字秋风吹木叶。

7.3　多方分别，是非之窦易开；一味圆融，人我之见不立。

7.4　春云宜山，夏云宜树，秋云宜水，冬云宜野。

7.5　清疏畅快，月色最称风光；潇洒风流，花情何如柳态？

7.6　春夜小窗兀坐，月上木兰，有骨凌冰，怀人如玉。因想"雪满山中高士卧，月明林下美人来"语，此际光景颇似。

7.7 文房供具，藉以快目适玩，铺叠如市，颇损雅趣。其点缀之法，罗罗清疏，方能得致。

7.8 香令人幽，酒令人远，茶令人爽，琴令人寂，棋令人闲，剑令人侠，杖令人轻，麈令人雅，月令人清，竹令人冷，花令人韵，石令人隽，雪令人旷，僧令人淡，蒲团令人野，美人令人怜，山水令人奇，书史令人博，金石鼎彝令人古。

7.9 吾斋之中，不尚虚礼，凡入此斋，均为知己。随分款留，忘形笑语，不言是非，不侈荣利。闲谈古今，静玩山水，清茶好酒，以适幽趣。臭味之交，如斯而已。

7.10 窗宜竹雨声，亭宜松风声，几宜洗砚声，榻宜翻书声，月宜琴声，雪宜茶声，春宜筝声，秋宜笛声，夜宜砧声。

7.11 鸡坛可以益学，鹤阵可以善兵。

7.12 翻经如壁观僧，饮酒如醉道士，横琴如黄葛野人，肃客如碧桃渔父。

7.13 云林性嗜茶，在惠山中，用核桃、松子肉和白糖成小块，如石子，置茶中，出以啖客，名曰清泉白石。

7.14 有花皆刺眼，无月便攒眉，当场得无妒我；

花归三寸管，月代五更灯，此事何可语人？

7.15　求校书于女史，论慷慨于青搂。

7.16　填不满贪海，攻不破疑城。

7.17　机息便有月到风来，不必苦海人世；心远自无车尘马迹，何须痼疾丘山？

7.18　幽心人似梅花，韵心士同杨柳。

7.19　情因年少，酒因境多。

7.20　看书筑得村楼，空山曲抱；趺坐扫来花径，乱水斜穿。

7.21　倦时呼鹤舞，醉后倩僧扶。

7.22　鸟衔幽梦远，只在数尺窗纱；蛩①递秋声悄，无言一凫灯火。

【注释】

①蛩：虫叫。

7.23　藉草班荆，安稳林泉之岁；披裘拾穗，逍遥草泽之曜。

7.24　万绿阴中，小亭避暑，八闼洞开，几簟皆绿。

7.25　雨过蝉声来，花气令人醉。

7.26　刓犀截雁之舌锋，逐日追风之脚力。

7.27　瘦影疏而漏月，香阴气而堕风。

7.28　修竹到门云里寺，流泉入袖水中人。

7.29　诗题半作逃禅偈，酒价都为买药钱。

7.30 扫石月盈帚，滤泉花满筛。

7.31 流水有方能出世，名山如药可轻身。

7.32 与梅同瘦，与竹同清，与柳同眠，与桃李同笑，居然花里神仙；与莺同声，与燕同语，与鹤同唳，与鹦鹉同言，如此话中知己。

7.33 栽花种竹，全凭诗格取裁；听鸟观鱼，要在酒情打点。

7.34 登山遇厉瘴，放艇遇腥风，抹竹遇缪丝，修花遇醒雾，欢场遇害马，吟席遇伧夫，若斯不遇，甚于泥涂。偶集逢好花，踏歌逢明月，席地逢软草，攀磴逢疏藤，展卷逢静云，战茗逢新雨，如此相逢，逾于知己。

7.35 草色遍溪桥，醉得蜻蜓春翅软；花风通驿路，迷来蝴蝶晓魂香。

7.36 田舍儿强作馨语，博得俗因；风月场插入伧父，便成恶趣。诗瘦到门邻病鹤，清影颇嘉；书贫经座并寒蝉，雄风顿挫。梅花入夜影萧疏，顿令月瘦；柳絮当空晴恍忽，偏惹风狂。花阴流影，散为半院舞衣；水响飞音，听来一溪歌板。

7.37 萍花香里风清，几度渔歌；杨柳影中月冷，数声牛笛。

7.38 谢将缥缈无归处，断浦沉云；行到纷纭不系时，空山挂雨。浑如花醉，潦倒何妨；绝胜柳狂，风流自赏。

7.39　春光浓似酒，花故醉人；夜色澄如水，月来洗俗。

7.40　雨打梨花深闭门，怎生消遣；分忖梅花自主张，着甚牢骚。对酒当歌，四座好风随月到；脱巾露顶，一楼新雨带云来。浣花溪内，洗十年游子衣尘；修竹林中，定四海良朋交籍。人语亦语，诋其昧于钳口；人默亦默，訾其短于雌黄。

7.41　艳阳天气，是花皆堪酿酒；绿阴深处，凡叶尽可题诗。

7.42　曲沼荇香侵月，未许鱼窥；幽关松冷巢云，不劳鹤伴。

7.43　篇诗斗酒，何殊太白之丹丘；扣舷吹箫，好继东坡之赤壁。获佳文易，获文友难；获文友易，获文姬难。

7.44　茶中着料，碗中着果，譬如玉貌加脂，蛾眉着黛，翻累本色。煎茶非漫浪，要须人品与茶相得，故其法往往传于高流隐逸，有烟霞泉石磊落胸次者。

7.45　楼前桐叶，散为一院清阴；枕上鸟声，唤起半窗红日。

7.46　天然文锦，浪吹花港之鱼；自在笙簧，风戛园林之竹。

7.47　高士流连，花木添清疏之致；幽人剥啄，莓苔生淡冶之光。

7.48　松涧边携杖独往，立处云生破衲；竹窗下枕书高卧，觉时月浸寒毡。

7.49　散履闲行，野鸟忘机时作伴；披襟兀坐，白云无语漫相留。客到茶烟起竹下，何嫌展破苍苔；诗成笔影弄花间，且喜歌飞《白雪》。

7.50　月有意而入窗，云无心而出岫。

7.51　屏绝外慕，偃息长林，置理乱于不闻，托清闲而自佚。松轩竹坞，酒瓮茶铛，山月溪云，农蓑渔罟。

7.52　怪石为实友①，名琴为和友②，好书为益友，奇画为观友③，法帖为范友，良砚为砺友④，宝镜为明友⑤，净几为方友⑥，古磁为虚友⑦，旧炉为熏友，纸帐为素友⑧，拂尘为静友。

【注释】

①实友：诚实的朋友。

②和友：和谐的朋友。

③观友：观赏的朋友。

④砺友：砥砺的朋友。

⑤明友：富有洞察力的朋友。

⑥方友：正派的朋友。

⑦虚友：虚心的朋友。

⑧素友：纯洁的朋友。

7.53　扫径迎清风，登台邀明月。琴觞之余，间以歌咏，止许鸟语花香，来吾几榻耳。

7.54　风波尘俗，不到意中；云水淡情，常来想外。

7.55　纸帐梅花，休惊他三春清梦；笔床茶灶，可了我半日浮生。

7.56　酒浇清苦月，诗慰寂寥花。

7.57　好梦乍回，沉心未烬，风雨如晦，竹响入床，此时兴复不浅。

7.58　山非高峻不佳，不远城市不佳，不近林木不佳，无流泉不佳，无寺观不佳，无云雾不佳，无樵牧不佳。

7.59　一室十圭，寒蛩声暗，折脚铛边，敲石无火。水月在轩，灯魂未灭，揽衣独坐，如游皇古意思。

7.60　遇月夜，露坐中庭，心爇香一住，可号伴月香。

7.61　襟韵洒落，如晴雪秋月，尘埃不可犯。

7.62　峰峦窈窕，一拳便是名山；花竹扶疏，半亩如同金谷。

7.63　观山水亦如读书，随其见趣高下。

7.64　深山高居，炉香不可缺，取老松柏之根枝实叶共捣治之，研风昉靈和之，每焚一丸，亦足助清苦。

7.65　白日羲皇世，青山绮皓心。

7.66　松声，涧声，山禽声，夜虫声，鹤声，琴声，棋子落声，雨滴阶声，雪洒窗声，煎茶声，皆声之至清，而读书声为最。

7.67 晓起入山，新流没岸，棋声未尽，石磬依然。

7.68 松声竹韵，不浓不淡。

7.69 何必丝与竹，山水有清音。

7.70 世路中人，或图功名，或治生产，尽自正经，争奈天地间好风月、好山水、好书籍，了不相涉，岂非枉却一生！

7.71 李岩老好睡，众人食罢下棋，岩老辄就枕，阅数局乃一展转，云："我始一局，君几局矣？"

7.72 晚登秀江亭，澄波古木，使人得意于尘埃之外，盖人闲景幽，两相奇绝耳。

7.73 笔砚精良，人生一乐，徒设只觉村妆；琴瑟在御，莫不静好，才陈便得天趣。

7.74 蔡中郎传，情思逶迤；北西厢记，兴致流丽。学他描神写景，必先细味沉吟，如曰寄趣本头，空博风流种子。

7.75 夜长无赖，徘徊蕉雨半窗；日永多闲，打叠桐阴一院。

7.76 雨穿寒砌，夜来滴破愁心；雪洒虚窗，晓去散开清影。

7.77 春夜宜苦吟，宜焚香读书，宜与老僧说法，以销艳思。夏夜宜闲谈，宜临水枯坐，宜听松声冷韵，以涤烦襟。秋夜宜豪游，宜访快士，宜谈兵说剑，以除萧瑟。冬夜宜茗战，宜酌酒说《三国》《水浒》《金瓶梅》诸集，宜箸竹肉，以破孤岑。

7.78 玉之在璞，追琢则珪璋；水之发源，疏浚则川沼。

7.79 山以虚而受，水以实而流，读书当作如是观。

7.80 古之君子，行无友，则友松竹；居无友，则友云山。余无友，则友古之友松竹、友云山者。

7.81 买舟载书，作无名钓徒。每当草蓑月冷，铁笛风清，觉张志和、陆天随去人未远。

7.82 "今日鬓丝禅榻畔，茶烟轻飏落花风。"此趣惟白香山得之。

7.83 清姿如卧云餐雪，天地尽愧其尘污；雅致如蕴玉含珠，日月转嫌其泄露。

7.84 焚香啜茗，自是吴中习气，雨窗却不可少。

7.85 茶取色臭俱佳，行家偏嫌味苦；香须冲淡为雅，幽人最忌烟浓。

7.86 朱明之候，绿阴满林，科头散发，箕踞白眼，坐长松下，萧骚流觞，正是宜人疏散之场。

7.87 读书夜坐，钟声远闻，梵响相和，从林端来，洒洒窗几上，化作天籁虚无矣。

7.88 夏日蝉声太烦，则弄箫随其韵转；秋冬夜声寥飒，则操琴一曲咻之。

7.89 心清鉴底潇湘月，骨冷禅中太华秋。

7.90 语鸟名花，供四时之啸咏；清泉白石，成一世之幽怀。

7.91 扫石烹泉，舌底朝朝茶味；开窗染翰，眼前处处诗题。

7.92 权轻势去，何妨张雀罗于门前；位高金多，自当效蛇行于郊外。盖炎凉世态，本是常情，故人所浩叹，惟宜付之冷笑耳。

7.93 溪畔轻风，沙汀印月，独往闲行，尝喜见渔家笑傲；松花酿酒，春水煎茶，甘心藏拙，不复问人世兴衰。

7.94 手抚长松，仰视白云，庭空鸟语，悠然自欣。

7.95 或夕阳篱落，或明月帘栊，或雨夜联榻，或竹下传觞，或青山当户，或白云可庭。于斯时也，把臂促膝，相知几人，谑语雄谈，快心千古。

7.96 疏帘清簟，销白昼惟有棋声；幽径柴门，印苍苔只容屐齿。

7.97 落花慵扫，留衬苍苔；村酿新刍，取烧红叶。

7.98 幽径苍苔，杜门谢客；绿阴清昼，脱帽观诗。

7.99 烟萝挂月，静听猿啼；瀑布飞虹，闲观鹤浴。

7.100 帘卷八窗，面面云峰送碧；塘开半亩，潇潇烟水涵清。

7.101 云衲高僧，泛水登山，或可藉以点缀。如必莲座说法，则诗酒之间，自有禅趣，不敢学苦行头陀，以作死灰。

7.102 遨游仙子，寒云几片束行妆，高卧幽人，明月半床供枕簟。

7.103　落落者难合，一合便不可分；欣欣者易亲，乍亲忽然成怨。故君子之处世也，宁风霜自挟，无鱼鸟亲人。

7.104　海内殷勤，但读停云之赋；目中寥廓，徒歌明月之诗。

7.105　生平愿无恙者四：一曰青山，一曰故人，一曰藏书，一曰名草。

7.106　闻暖语如挟纩[①]，闻冷语如饮冰，闻重语如负山，闻危语如压卵，闻温语如佩玉，闻益语如赠金。

【注释】

①挟纩：穿棉衣。

7.107　旦起理花，午窗剪茶，或截草作字，夜卧忏罪，令一日风流萧散之过，不致堕落。

7.108　快欲之事，无如饥餐；适情之时，莫过甘寝。求多于情欲，即侈汰亦茫然也。

7.109　云随羽客，在琼台双阙之间；鹤唳芝田，正桐阴灵虚之上。

第八卷　集奇

我辈寂处窗下，视一切人世，俱若蠛蠓^①婴丑，不堪寓目。而有一奇文怪说，目数行下，便狂呼叫绝，令人喜，令人怒，更令人悲。低徊数过，床头短剑亦呜呜作龙虎吟，便觉人世一切不平，俱付烟水。集奇第八。

【注释】

①蠛蠓：蠓虫。

8.1　吕圣公之不问朝士名，张师高之不发窃器奴，韩稚圭之不易持烛兵，不独雅量过人，正是用世高手。

8.2　花看水影，竹看月影，美人看帘影。

8.3　佞佛若可忏罪，则刑官无权；寻仙若可延年，则上帝无主。达士尽其在我，至诚贵于自然。

8.4　以货财害子孙，不必操戈入室；以学术杀后世，有如按剑伏兵。

8.5　君子不傲人以不如，不疑人以不肖^①。

【注释】

①不肖：没有出息。

8.6　读诸葛武侯《出师表》而不堕泪者，其人必不忠；读韩退之《祭十二郎文》而不堕泪者，其人必不友。

8.7　世味非不浓艳，可以淡然处之。独天下之伟人与奇物，幸一见之，自不觉魄动心惊。

8.8　道上红尘，江中白浪，饶他南面百城；花间明月，松下凉风，输我北窗一枕。

8.9　立言亦何容易，必有包天包地、包千古、包来今之识；必有惊天惊地、惊千古、惊来今之才；必有破天破地、破千古、破来今之胆。

8.10　圣贤为骨，英雄为胆，日月为目，霹雳为舌。

8.11　瀑布天落，其喷也珠，其泻也练，其响也琴。

8.12　平易近人，会见神仙济度；瞒心昧己，便有邪祟出来。

8.13　佳人飞去还奔月，骚客狂来欲上天。

8.14　涯如沙聚，响若潮吞。

8.15　诗书乃圣贤之供案，妻妾乃屋漏之史官。

8.16　强项者未必为穷之路，屈膝者未必为通之媒。故铜头铁面，君子落得做个君子；奴颜婢膝，小人枉自做了小人。

8.17　有仙骨者，月亦能飞；无真气者，形终如槁。

8.18　一世穷根，种在一捻傲骨；千古笑端，伏于几个残牙。

8.19　石怪常疑虎，云闲却类僧。

8.20　大豪杰舍己为人，小丈夫因人利己。

8.21　一段世情，全凭冷眼觑破；几番幽趣，半从热肠换来。

8.22　识尽世间好人，读尽世间好书，看尽世间好山水。

8.23　舌头无骨，得言句之总持；眼里有筋，具游戏之三昧。

8.24　群居闭口，独坐防心。

8.25　当场傀儡，还我为之；大地众生，任渠笑骂。

8.26　三徙成名，笑范蠡碌碌浮生，纵扁舟忘却五湖风月；一朝解绶，羡渊明飘飘遗世，命巾车归来满室琴书。

8.27　人生不得行胸怀，虽寿百岁，犹夭也。

8.28　棋能避世，睡能忘世。棋类耦耕之沮溺，去一不可；睡同御风之列子，独往独来。

8.29　以一石一树与人者，非佳子弟。

8.30　一勺水，便具四海水味，世法不必尽尝；千江月，总是一轮月光，心珠宜当独朗。

8.31　面上扫开十层甲，眉目才无可憎；胸中涤去数斗尘，语言方觉有味。

8.32　愁非一种，春愁则天愁地愁；怨有千般，闺怨则人怨鬼怨。天懒云沉，雨昏花蹙，法界岂少愁云；石颓山瘦，水枯木落，大地觉多窘况。

8.33　笋含禅味，喜坡仙玉版之参；石结清盟，受米颠袍笏之辱。文如临画，曾致诮于昔人；诗类书抄，竟沿流于今日。

8.34　缃绨①递满而改头换面，兹律既湮；缥帙动盈而活剥生吞，斯风亦坠。

【注释】

①缃绨：米黄色的书套。

8.35　先读经，后可读史；非作文，未可作诗。

8.36　俗气入骨，即吞刀刮肠，饮灰洗胃，觉俗态之益呈；正气效灵，即刀锯在前，鼎镬具后，见英风之益露。

8.37　于琴得道机，于棋得兵机，于卦得神机，于兰得仙机。

8.38　相禅遐思唐虞，战争大笑楚汉，梦中蕉鹿犹真，觉后莼鲈一幻。

8.39　世界极于大千，不知大千之外更有何物；天宫极于非想，不知非想之上毕竟何穷。

8.40　千载奇逢，无如好书良友；一生清福，只在茗碗炉烟。

8.41　作梦则天地亦不醒，何论文章？为客则洪濛无主人，何有章句？

8.42　艳出浦之轻莲，丽穿波之半月。

8.43 云气恍堆窗里岫，绝胜看山；泉声疑泻竹间樽，贤于对酒。杖底唯云，囊中唯月，不劳关市之讥；石笥藏书，池塘洗墨，岂供山泽之税？

8.44 有此世界，必不可无此传奇；有此传奇，乃可维此世界。则传奇所关非小，正可借《西厢》一卷，以为风流谈资。

8.45 非穷愁不能著书，当孤愤不宜说剑。

8.46 湖山之佳，无如清晓春时。当乘月至馆，景生残夜，水映岑楼，而翠黛临阶，吹流衣袂，莺声鸟韵，催起哄然。披衣步林中，则曙光薄户，明霞射几，轻风微散，海旭乍来。见沿堤春草霏霏，明媚如织，远岫朗润出沐，长江浩渺无涯，岚光晴气，舒展不一，大是奇绝。

8.47 心无机事，案有好书，饱食晏眠，时清体健，此是上界真人。

8.48 读《春秋》，在人事上见天理；读《周易》，在天理上见人事。

8.49 则何益矣，茗战有如酒兵；试妄言之，谈空不若说鬼。

8.50 镜花水月，若使慧眼看透；笔彩剑光，肯教壮志销磨。

8.51 委形无寄，但教鹿豕为群；壮志有怀，莫遣草木同朽。

8.52　哄日吐霞，吞河漱月，气开地震，声动天发。

8.53　议论先辈，毕竟没学问之人；奖惜后生，定然关世道之寄。

8.54　贫富之交，可以情谅，鲍子所以让金；贵贱之间，易以势移，管宁所以割席。

8.55　论名节，则缓急之事小；较生死，则名节之论微。但知为饿夫以采南山之薇①，不必为枯鱼②以需西江之水。

【注释】

①南山之薇：典出商周时期，伯夷与叔齐两人劝说周武王不要消灭殷商，而最终武王伐纣消灭商朝建立周朝，两人认为自己拥护的殷商泯灭，食周朝的粮食是可耻的，于是逃到首阳山吃野菜充饥，最后两人在首阳山饿死。

②枯鱼：死鱼，典出《庄子》。庄子向监河侯借粮，监河侯故意取笑庄子，说等自己有钱了就借给庄子大量黄金。庄子生气，给监河侯讲了一个故事，说自己遇到一条快渴死的鱼，这条鱼说自己是东海龙王的大使，让庄子相救，而庄子表示自己要去请求吴国、越国的君王引东海的水来解救它。

8.56　儒有一亩之宫，自不妨草茅下贱；士无三寸之舌，何用此土木形骸。

8.57　鹏为羽杰，鲲称介豪，翼遮半天，背负重霄。

8.58　怜之一字，吾不乐受，盖有才而徒受人怜，无用可知；傲之一字，吾不敢矜，盖有才而徒以资傲，无用可知。

8.59　问近日讲章孰佳，坐一块蒲团自佳；问吾侪严师孰尊，对一枝红烛自尊。

8.60　点破无稽不根之论，只须冷语半言；看透阴阳颠倒之行，惟此冷眼一只。

8.61　古之钓也，以圣贤为竿，道德为纶，仁义为钩，利禄为饵，四海为池，万民为鱼。钓道微矣，非圣人其孰能之。

8.62　既稍云于清汉，亦倒影于华池。

8.63　浮云回度，开月影而弯环；骤雨横飞，挟星精而摇动。

8.64　天台嵘起，绕之以赤霞；削成孤峙，覆之以莲花。

8.65　金河别雁，铜柱辞鸢，关山夭骨，霜木凋年。

8.66　翻光倒影，擢菡萏于湖中；舒艳腾辉，攒蟬蛛于天畔。

8.67　照万象于晴初，散寥天于日余。

第九卷　集绮

　　朱楼绿幕，笑语勾别座之春；越舞吴歌，巧舌吐莲花之艳。此身如在怨脸愁眉、红妆翠袖之间，若远若近，为之黯然。嗟乎！又何怪乎身当其际者，拥玉床之翠而心迷，听伶人之奏而陨涕乎？集绮第九。

　　9.1　天台花好，阮郎却无计再来；巫峡云深，宋玉只有情空赋。瞻碧云之黯黯，觅神女其何踪；睹明月之娟娟，问嫦娥而不应。

　　9.2　妆台正对书楼，隔池有影；绣户相通绮户，望眼多情。

　　9.3　莲开并蒂，影怜池上鸳鸯；缕结同心，日丽屏间孔雀。

　　9.4　堂上鸣琴操，久弹乎《孤凤》；邑中制锦纹，重织于双鸾。

　　9.5　镜想分鸾，琴悲《别鹤》。

　　9.6　春透水波明，寒峭花枝瘦。极目烟中百尺楼，人在楼中否。

　　9.7　明月当楼，高眠如避，惜哉夜光暗投；芳树交窗，把玩无主，嗟矣红颜薄命。

9.8　鸟语听其涩时，怜娇情之未哢；蝉声听已断处，愁孤节之渐消。

9.9　断雨断云，惊魄三春蝶梦；花开花落，悲歌一夜鹃啼。

9.10　衲子飞觞历乱，解脱于樽罍之间；钗行挥翰淋漓，风神在笔墨之外。

9.11　养纸芙蓉粉，薰衣豆蔻香。

9.12　海山微茫而隐见，江山严厉而峭卓，溪山窈窕而幽深，塞山童赪①而堆阜，桂林之山绵衍庞博②，江南之山峻峭巧丽。山之形色，不同如此。

【注释】

①童赪：一种赤色土地，草木难以生长。

②绵衍庞博：绵延不断，大气磅礴。

9.13　流苏帐底，披之而夜月窥人；玉镜台前，讽之而朝烟萦树。风流夸坠髻，时世闻啼眉。

9.14　新垒桃花红粉薄，隔楼芳草雪衣凉。

9.15　李后主宫人秋水，喜簪异花芳草，拂髻鬟尝有粉蝶聚其间，扑之不去。

9.16　耀足清流，芹香飞涧；浣花新水，蝶粉迷波。

9.17　昔人有花中十友：桂为仙友，莲为净友，梅为清友，菊为逸友，海棠名友，荼蘼韵友，瑞香殊友，芝兰芳友，腊梅奇友，栀子禅友。昔人有禽中五客：鸥为闲客，鹤为仙客，鹭为雪客，孔雀南客，鹦鹉陇客。会花鸟之情，真是天趣活泼。

9.18　凤笙龙管，蜀锦齐纨。

9.19　木香盛开，把杯独坐其下，遥令青奴吹笛，止留一小奚侍酒，才少斟酌，便退立迎春架后。花看半开，酒饮微醉。

9.20　夜来月下卧醒，花影零乱，满人襟袖，疑如濯魄于冰壶。

9.21　看花步，男子当作女人；寻花步，女子当作男人。

9.22　窗前俊石泠然，可代高人把臂；槛外名花绰约，无烦美女分香。

9.23　新调初裁，歌儿持板待的；阄题方启，佳人捧砚濡毫。绝世风流，当场豪举。

9.24　石鼓池边，小草无名可斗；板桥柳外，飞花有阵堪题。

9.25　桃红李白，疏篱细雨初来；燕紫莺黄，老树斜风乍透。

9.26　窗外梅开，喜有骚人弄笛；石边雪积，还须小妓烹茶。

9.27　高搂对月，邻女秋砧；古寺闻钟，山僧晓梵。

9.28　佳人病怯，不耐春寒；豪客多情，犹怜夜饮。李太白之宝花宜障，光盂祖之狗窦堪呼。

9.29 古人养笔以硫黄酒，养纸以芙蓉粉，养砚以文绫盖，养墨以豹皮囊。小斋何暇及此！惟有时书以养笔，时磨以养墨，时洗以养砚，时舒卷以养纸。

9.30 芭蕉，近日则易枯，迎风则易破。小院背阴，半掩竹窗，分外青翠。

9.31 欧公香饼，吾其熟火无烟；颜氏隐囊，我则斗花以布。

9.32 梅额生香，已堪饮爵；草堂飞雪，更可题诗。七种之羹，呼起袁生之卧；六生之饼，敢迎王子之舟。豪饮竟日，赋诗而散。佳人半醉，美女新妆。月下弹琴，石边侍酒。烹雪之茶，果然剩有寒香；争春之馆，自是堪来花叹。

9.33 黄鸟让其声歌，青山学其眉黛。

9.34 浅翠娇青，笼烟惹湿。清可漱齿，曲可流觞。

9.35 风开柳眼，露浥桃腮，黄鹂呼春，青鸟送雨，海棠嫩紫，芍药嫣红，宜其春也。碧荷铸钱，绿柳缫丝，龙孙脱壳，鸠妇唤晴，雨骤黄梅，日蒸绿李，宜其夏也。槐阴未断，雁信初来，秋英无言，晓露欲结，蓂收避席，青女办妆，宜其秋也。桂子风高，芦花月老，溪毛碧瘦，山骨苍寒，千岩见梅，一雪欲腊，宜其冬也。

9.36 风翻贝叶，绝胜北阙除书；水滴莲花，何似华清宫漏。

9.37 画屋曲房，拥炉列坐；鞭车行酒，分队征歌；

一笑千金，樗蒲百万；名妓持笺，玉儿捧砚；淋漓挥洒，水月流虹；我醉欲眠，鼠奔鸟窜；罗襦轻解，鼻息如雷。此一境界，亦足赏心。

9.38　柳花燕子，贴地欲飞，画扇练裙，避人欲进。此春游第一风光也。

9.39　花颜缥缈，欺树里之春风；银焰荧煌，却城头之晓色。

9.40　乌纱帽挟红袖登山，前人自多风致。

9.41　笔阵生云，词锋卷雾。

9.42　楚江巫峡半云雨，清簟疏帘看弈棋。

9.43　美丰仪人，如三春新柳，濯濯风前。

9.44　涧险无平石，山深足细泉；短松犹百尺，少鹤已千年。

9.45　梅花舒两岁之装，柏叶泛三光之酒。飘摇余雪，入箫管以成歌；皎洁轻冰，对蟾光而写镜。

9.46　鹤有累心犹被斥，梅无高韵也遭删。

9.47　分果车中，毕竟借人家面孔；捉刀床侧，终须露自己心胸。

9.48　雪滚花飞，缭绕歌楼，飘扑僧舍，点点共酒斾悠扬，阵阵追燕莺飞舞。沾泥逐水，岂特可入诗料，要知色身幻影，是即风里杨花、浮生燕垒。

9.49　水绿霞红处，仙犬忽惊人，吠入桃花去。

9.50　九重仙诏，休教丹凤衔来；一片野心，已被白云留住。

9.51　香吹梅渚千峰雪，清映冰壶百尺帘。

9.52　避客偶然抛竹屐，邀僧时一上花船。

9.53　到来都是泪，过去即成尘。

9.54　秋色生鸿雁，江声冷白苹。

9.55　斗草春风，才子愁销书带翠；采菱秋水，佳人疑动镜花香。

9.56　竹粉映琅玕之碧，胜新妆流媚，曾无掩面于花宫；花珠凝翡翠之盘，虽什袭非珍，可免探颔于龙藏。

9.57　因花整帽，借柳维船。

9.58　绕梦落花消雨色，一尊芳草送晴曛。

9.59　争春开宴，罢来花有欢声；水国谈经，听去鱼多乐意。

9.60　无端泪下，三更山月老猿啼；蓦地娇来，一月泥香新燕语。

9.61　燕子刚来，春光惹恨；雁臣甫聚，秋思惨人。

9.62　韩嫣金弹，误了饥寒人多少奔驰；潘岳果车，增了少年人多少颜色。

9.63　微风醒酒，好雨催诗，生韵生情，怀颇不恶。

9.64　苎罗村里，对娇歌艳舞之山；若耶溪边，拂浓抹淡妆之水。

9.65 春归何处，街头愁杀卖花；客落他乡，河畔生憎折柳。

9.66 论到高华，但说黄金能结客；看来薄命，非关红袖懒撩人。

9.67 同气之求，惟刺平原于锦绣；同声之应，徒铸子期以黄金。

9.68 胸中不平之气，说倩山禽；世上叵测之心，藏之烟柳。

9.69 祛长夜之恶魔，女郎说剑；销千秋之热血，学士谈禅。

9.70 论声之韵者，曰溪声、涧声、竹声、松声、山禽声、幽壑声、芭蕉雨声、落花声，皆天地之清籁，诗坛之鼓吹也，然销魂之听，当以卖花声为第一。

9.71 石上酒花，几片湿云凝夜色；松间人语，数声宿鸟动朝喧。媚字极韵，出以清致，则窈窕但见风神，附以妖娆，则做作毕露丑态。如芙蓉媚秋水，绿筱媚清涟，方不着迹。

9.72 武士无刀兵气，书生无寒酸气，女郎无脂粉气，山人无烟霞气，僧家无香火气，换出一番世界，便为世上不可少之人。

9.73 情词之娴美，《西厢》以后，无如《玉合》《紫钗》《牡丹亭》三传，置之案头，可以挽文思之枯涩，收神情之懒散。

9.74　俊石贵有画意，老树贵有禅意，韵士贵有酒意，美人贵有诗意。

9.75　红颜未老，早随桃李嫁春风；黄卷将残，莫向桑榆怜暮景。

9.76　销魂之音，丝竹不如著肉。然而风月山水间，别有清魂销于清响，即子晋之笙，湘灵之瑟，董双成之云璈，犹属下乘，娇歌艳曲，不尽混乱耳根。

9.77　风惊蟋蟀，闻织妇之鸣机；月满蟾蜍，见天河之弄杼。

9.78　高僧筒里送信，突地天花坠落；韵妓扇头寄画，隔江山雨飞来。

9.79　酒有难悬之色，花有独蕴之香，以此想红颜媚骨，便可得之格外。

9.80　客斋使令，翔七宝妆，理茶具，响松风于蟹眼，浮雪花于兔毫。

9.81　绝世风流，当场豪举。

9.82　世路既如此，但有肝胆向人；清议可奈何，曾无口舌造业。

9.83　花抽珠渐落，珠悬花更生；风来香转散，风度焰还轻。

9.84　莹以玉琇，饰以金英，绿荑悬插，红蕖倒生。

9.85　浮沧海兮气浑，映青山兮色乱。

9.86　纷黄庭之霹雳，隐重廊之窈窕。青陆至而莺啼，朱阳升而花笑。

9.87　紫蒂红蕤，玉蕊苍枝。

9.88　视莲潭之变彩，见松院之生凉；引惊蝉于宝瑟，宿兰燕于瑶筐。

9.89　蒲团布衲，难于少时存老去之禅心；玉剑角弓，贵于老时任少年之侠气。

第十卷　集豪

　　今世矩视尺步①之辈，与夫守株待兔之流，是不束缚而阱者也。宇宙寥寥，求一豪者，安得哉？家徒四壁，一掷千金，豪之胆；兴酣落笔，泼墨千言，豪之才；我才必用，黄金复来，豪之认。夫豪既不可得，而后世傗傥之士，或以一言一字写其不平，又安与沉沉故纸同为销没乎！集豪第十。

【注释】

　　①矩视尺步：指不懂得变通。

　　10.1　桃花马①上春衫，少年侠气；贝叶斋②中夜衲，老去禅心。

【注释】

　　①桃花马：指白毛红点的马。

　　②贝叶斋：佛寺。

　　10.2　岳色江声，富煞胸中丘壑；松阴花影，争残局上山河①。

①山河：这里指棋局中的胜负。

10.3 骥虽伏枥，足能千里；鹄即垂翅，志在九霄。

10.4 个个题诗，写不尽千秋花月；人人作画，描不完大地江山。

10.5 慷慨之气，龙泉知我；忧煎之思，毛颖解人。

10.6 不能用世而故为玩世，只恐遇着真英雄；不能经世而故为欺世，只好对着假豪杰。

10.7 绿酒但倾，何妨易醉；黄金既散，何论复来。

10.8 诗酒兴将残，剩却楼头几明月；登临情不已，平分江上半青山。

10.9 闲行消白日①，悬李贺呕字之囊②；搔首问青天，携谢朓③惊人之句。

【注释】

①白日：时间。

②李贺呕字之囊：典出唐代诗人李贺，李贺每次外出都会带着笔墨纸砚和书囊，遇到感怀的心情作出诗句就第一时间收藏好。

③谢朓：南齐著名诗人，擅长五言诗，以山水风景诗最为出色。

10.10 假英雄专映①不鸣之剑，若尔锋芒，遇真人②而落胆；穷豪杰惯作无米之炊，此等作用，当大计③而扬眉。

①呋：小声地吹。

②真人：英雄。

③大计：国家大事。

10.11 深居远俗，尚愁移山有文①；纵饮达旦，犹笑醉乡无记。

【注释】

①移山有文：典出孔稚珪，他讥讽周颙假托山神，而内心热衷于名利的卑俗做法。

10.12 藜床①半穿，管宁真吾师乎；轩冕②必顾，华歆洵非友也。

【注释】

①藜床：藜条编成的床榻。

②轩冕：达官贵族的车马和冕服。

10.13 车尘马足之下，露出丑形；深山穷谷之中，剩些真影。

10.14 吐虹霓之气者，贵挟风霜之色；依日月之光者，毋怀雨露之私。

10.15 清襟①凝远，卷秋江万顷之波；妙笔纵横，挽昆仑一峰之秀。

【注释】

①清襟：内心清静。

10.16　闻鸡起舞，刘琨其壮士之雄心乎；闻筝起舞，迦叶①其开士之素心乎。

【注释】

①迦叶：释迦牟尼的弟子。

10.17　友偏天下英杰人士，读尽人间未见之书。

10.18　读书倦时须看剑，英发之气不磨；作文苦际可歌诗，郁结之怀随畅。

10.19　交友须带三分侠气，作人要存一点素心①。

【注释】

①素心：思想纯净。

10.20　栖守①道德者，寂寞一时；依阿②权变者，凄凉万古。

【注释】

①栖守：恪守。

②依：依附。阿：奉承。

10.21　深山穷谷，能老经济才猷①；绝壑断崖，难隐②灵文奇字。

【注释】

①猷：计谋。

②隐：隐藏。

10.22　献策金门①苦未收，归心日夜水东流。扁舟载得愁千斛，闻说君王不税愁。

【注释】

①献策金门：指向皇上进谏。金门是指汉代的宫门，金马门，也是士人献策待诏的地方。

10.23　世事不堪评，拔卷神游千古上；尘氛应可却①，闭门心在万山中。

【注释】

①却：谢绝。

10.24　负心满天地，辜他一片热肠；恋态自古今，悬此两只冷眼。

10.25　龙津一剑，尚作合于风雷；胸中数万甲兵，宁终老于牖下。此中空洞原无物，何止容卿数百人。

10.26　英雄未转①之雄图，假糟邱②为霸业；风流不尽之余韵，托花谷为深山。

【注释】

①转：实现。

②糟邱：指酒乡。

10.27　红润口脂，花蕊乍过微雨；翠匀眉黛，柳条徐拂轻风。

10.28　满腹有文难骂鬼，措身无地反忧天。

10.29 大丈夫居世，生当封侯，死当庙食。不然，闲居可以养志，诗书足以自娱。

10.30 不恨我不见古人，惟恨古人不见我。

10.31 荣枯得丧，天意安排，浮云过太虚也；用舍行藏，吾心镇定，砥柱在中流乎？

10.32 曹曾积石为仓以藏书，名曹氏石仓。

10.33 丈夫须有远图①，眼孔如轮，可怪处堂燕雀；豪杰宁无壮志，风棱②似铁，不忧当道豺狼。

【注释】

①远图：远大的抱负。

②风棱：性格。

10.34 云长香火，千载遍于华夷；坡老①姓名，至今口于妇孺。意气精神，不可磨灭。

【注释】

①坡老：指苏东坡。

10.35 据床嗒尔①，听豪士之谈锋；把盏惺然②，看酒人之醉态。

【注释】

①嗒尔：聚精会神的样子。

②惺然：清醒的样子。

10.36 登高远眺，吊古寻幽。广胸中之丘壑，游物外之文章。

10.37　雪霁①清境，发于梦想。此间但有荒山大江，修竹古木。

【注释】

①霁：雨雪停止。

10.38　每饮村酒后，曳①杖放脚，不知远近，亦旷然天真。

【注释】

①曳：拖着。

10.39　须眉之士在世，宁使乡里小儿怒骂，不当使乡里小儿见怜。

10.40　胡宗宪读《汉书》，至终军请缨事，乃起拍案曰："男儿双脚当从此处插入，其他皆狼藉耳！"

10.41　宋海翁才高嗜酒，睥睨当世。忽乘醉泛舟海上，仰天大笑曰："吾七尺之躯，岂世间凡士所能贮？合以大海葬之耳！"遂按波而入。

10.42　王仲祖有好形仪①，每览镜自照，曰："王文开那生宁馨儿？"

【注释】

①形仪：仪容，仪表。

10.43　毛澄七岁善属对①，诸喜之者赠以金钱。归掷之，曰："吾犹薄苏秦斗大，安事此邓通②靡靡！"

【注释】

①属对：对对子。

②邓通：铜钱的代称。

10.44 梁公实荐一士于李于麟，士欲以谢梁，曰："吾有长生术，不惜为公授。"梁曰："吾名在天地间，只恐盛着不了，安用长生？"

10.45 吴正子穷居一室，门环流水，跨木而渡，渡毕即抽之。人问故，笑曰："土舟浅小，恐不胜富贵人来踏耳！"

10.46 吾有目有足，山川风月，吾所能到，我便是山川风月主人。

10.47 大丈夫当雄飞，安能雌伏？

10.48 青莲登华山落雁峰，曰："呼吸之气，想通帝座。恨不携谢朓惊人之句来，搔首问青天耳！"

10.49 志欲枭逆虏，枕戈待旦，常恐祖生，先我着鞭。

10.50 旨言不显，经济多托之工瞽刍荛；高踪不落，英雄常混之渔樵耕牧。

10.51 高言成啸虎之风，豪举破涌山之浪。

10.52 立言者，未必即成千古之业，吾取其有千古之心；好客者，未必即尽四海之交，吾取其有四海之愿。

10.53 管城子①无食肉相②，世人皮相何为？孔方兄③有绝交书，今日盟交安在？

①管城子：毛笔的谑称，这里指文人。

②食肉相：享受荣华富贵的面相。

③孔方兄：圆形方孔，指代金钱。

10.54　襟怀贵疏朗，不宜太逞豪华；文字要雄奇，不宜故求寂寞。

10.55　悬榻待贤士，岂曰交情已乎？投辖留好宾，不过酒兴而已。

10.56　才以气雄，品由心定。

10.57　为文而欲一世之人好，吾悲其为文；为人而欲一世之人好，吾悲其为人。

10.58　济①笔海则为舟航，骋文囿则为羽翼。

【注释】

①济：驾驶。

10.59　胸中无三万卷书，眼中无天下奇山川，未必能文，纵能，亦无豪杰语耳。

10.60　山厨失斧，断之以剑；客至无枕，解琴自供。盥盆溃散①，罄为注洗。盖不暖足，覆之以蓑。

【注释】

①溃散：破旧。

10.61　孟宗①少游学，其母制十二幅被，以招贤士共卧，庶得闻君子之言。

【注释】

①孟宗：人名，字恭武，三国时人。

10.62　张①烟雾于海际，耀光景于河渚；乘天梁而皓荡，叫帝阍②而延伫。

【注释】

①张：弥漫。

②帝阍：指天门。

10.63　声誉可尽，江天不可尽；丹青可穷，山色不可穷。

10.64　闻秋空鹤唳，令人逸骨仙仙；看海上龙腾，觉我壮心勃勃。

10.65　明月在天，秋声①在树，珠箔②卷啸倚高搂；苍苔在地，春酒在壶，玉山颓醉眠芳草。

【注释】

①秋声：指秋虫的鸣叫声。

②珠箔：指珠帘。

10.66　胸中自是奇，乘风破浪，平吞万顷苍茫；脚底由来①阔，历险穷幽，飞度千寻香蔼。

【注释】

①由来：一直，从来。

10.67　松风涧雨，九霄外声闻环佩，清我吟魂；海市蜃楼，万水中一幅画图，供吾醉眼。

10.68　每从白门归，见江山逶迤①，草木苍郁，人常言佳，我觉是别离人肠中一段酸楚气耳。

【注释】

①逶迤：连绵不绝。

10.69　人每谀余腕中有鬼，余谓：鬼自无端入吾腕中，吾腕中未尝有鬼也。人每责余目中无人，余谓：人自不屑入吾目中，吾目中未尝无人也。

10.70　天下无不虚之山，惟虚故高而易峻；天下无不实之水，惟实故流而不竭。

10.71　放不出①憎人面孔，落在酒杯；丢不下怜世心肠，寄之诗句。

【注释】

①放不出：不表现出来。

10.72　春到十千美酒，为花洗妆；夜来一片名香，与月熏魄。

10.73　忍到熟处则忧患消，淡到真时则天地赘。

10.74　醺醺熟读《离骚》，孝伯外敢曰并皆名士；碌碌常承色笑，阿奴辈果然尽是佳儿。

10.75　剑雄万敌，笔扫千军。

10.76　飞禽铩翮，犹爱惜乎羽毛；志士损生，终不忘乎老骥。

10.77　敢于世上放开眼，不向人间浪皱眉。

10.78　缥缈孤鸿，影来窗际，开户从之，明月入怀，花枝零乱，朗吟枫落吴江之句，令人凄绝。

10.79　云破月窥花好处，夜深花睡月明中。

10.80　三春①花鸟犹堪赏，千古文章只自知。文章自是堪②千古，花鸟三春只几时。

【注释】

①三春：指整个春天。

②堪：可以。

10.81　士大夫胸中无三斗墨，何以运管城①？然恐酝酿宿陈②，出之无光泽耳。

【注释】

①管城：指运笔写文章。

②宿陈：指酝酿太久。

10.82　攫①金于市者，见金而不见人；剖身藏珠者，爱珠而忘自爱。与夫决性命以饕②富贵，纵嗜欲以戕生者何异？

【注释】

①攫：抓取。

②饕：贪求。

10.83　说不尽山水好景，但付沉吟；当不起世态炎凉，惟有闭户。

10.84　杀得人者，方能生人。有恩者，必然有怨。若使不阴不阳，随世披靡，肉菩萨出世，于世何补，此生何用。

10.85　李太白云："天生我才必有用，黄金散尽还复来。"杜少陵云："一生性僻耽佳句，语不惊人死不休。"豪杰不可不解此语。

10.86　天下固有父兄不能囿之豪杰，必无师友不可化之愚蒙。谐友于天伦之外，元章呼石为兄；奔走于世途之中，庄生喻尘以马。

10.87　词人半肩行李，收拾秋水春云；深宫一世梳妆，恼乱晚花新柳。

10.88　得意不必人知，兴来书自圣；纵口何关世议，醉后语犹颠。

10.89　英雄尚不肯以一身受天公之颠倒，吾辈奈何以一身受世人之提掇？是堪指发，未可低眉。

10.90　能为世必不可少之人，能为人必不可及之事，则庶几此生不虚。

10.91　儿女情，英雄气，并行不悖；或柔肠，或侠骨，总是吾徒。

10.92　上马横槊，下马作赋，自是英雄本色；熟读《离骚》，痛饮浊酒，果然名士风流。

10.93　诗狂空古今，酒狂空天地。

10.94　处世当于热地①思冷，出世当于冷地②求热。

【注释】

①热地：指名利场。

②冷地：指世外。

10.95　我辈腹中之气，亦不可少，要不必用耳，若蜜口，真妇人事哉。

10.96　办大事者，匪①独以意气胜，盖亦其智略绝也。故负气雄行②，力足以折公侯，出奇制算，事足以骇耳目。如此人者，俱千古矣，嗟嗟③，今世徒虚语耳。

【注释】

①匪：同"非"，不是，表示否定。

②负气雄行：这里指豪爽的义气，勇猛的行为。

③嗟嗟：感叹词。

10.97　说剑谈兵，今生恨少封侯骨；登高对酒，此日休吟烈士①歌。

【注释】

①烈士：这里指豪杰。

10.98　身许为知己死，一剑夷门①，到今侠骨香仍古；腰不为督邮折，五斗彭泽②，从古高风清至今。

【注释】

①一剑夷门：战国魏都大梁夷门小官侯生，为报信陵君的知遇之恩，献计窃符救赵，行军前自刎。

②五斗彭泽：指陶渊明不为五斗米折腰之事。

10.99　剑击秋风，四壁如闻鬼啸；琴弹夜月，空山引动猿号。

10.100　壮志愤懑难消，高人情深一往。

10.101　先达笑弹冠，休向侯门轻曳裾①；相知犹按剑，莫从世路暗投珠。

【注释】

①曳裾：这里指为王侯效命。

第十一卷　集法

自方袍幅巾①之态遍满天下，而超脱颖绝之士，遂以同污合流矫之，而世道不古矣。夫迂腐者，既泥于法，而超脱者，又越于法，然则士君子亦不偏不倚，期无所泥越则已②矣，何必方袍幅巾，作此迂态耶！集法第十一。

【注释】

①方袍：原指僧袍，这里指正式的衣装。幅巾：用整幅绢做成的束发的方巾。代指迂腐正规的人。

②则已：语气词，罢了。

11.1　一心可以交万友，二心不可以交一友。

11.2　凡事，留不尽之意①则机圆②；凡物，留不尽之意则用裕；凡情，留不尽之意则味深；凡言，留不尽之意则致远；凡兴，留不尽之意则趣多；凡才，留不尽之意则神满。

【注释】

①不尽之意：这里是指余地。

②机圆：机巧圆满。

11.3　有世法，有世缘，有世情。缘非①情，则易断；情非法，则易流。

【注释】

①非：这里指不按照的意思。

11.4　世多理所难必之事，莫执宋人道学；世多情所难通之事，莫说晋人风流。

11.5　与其以衣冠误国，不若以布衣关世；与其以林下而矜冠裳，不若以廊庙而标泉石。

11.6　眼界愈大，心肠愈小①；地位愈高，举止愈卑。

【注释】

①心肠愈小：更加心细。

11.7　少年人要心忙，忙则摄①浮气；老年人要心闲，闲则乐余年。

【注释】

①摄：慑服，收敛。

11.8　晋人清谈，宋人理学，以晋人遣俗，以宋人提躬①，合之双美，分之两伤也。

【注释】

①提躬：安身立命。

11.9　莫行心上过不去事，莫存事上行不去心。

11.10　忙处事为，常向闲中先检点；动时念想，预从静里密①操持。青天白日处节义，自暗室屋漏处培来；旋转乾坤的经纶②，自临深履薄处操出。

【注释】

①密：严格。

②经纶：治国的方略。

11.11　以积货财之心积学问，以求功名之念求道德，以爱子女之心爱父母，以保爵位之策保国家。

11.12　何以下达，惟有饰非；何以上达，无如①改过。

【注释】

①无如：不如。

11.13　一点不忍的念头，是生①民生物之根芽；一段不为②的气象，是撑天撑地之柱石。

【注释】

①生：使其生。

②不为：道家的无为思想。

11.14　君子对青天而惧，闻雷霆而不惊；履平地而恐，涉风波而不疑。

11.15　不可乘喜而轻诺，不可因醉而生嗔；不可乘快而多事，不可因倦而鲜①终。

【注释】

①鲜：不能。

11.16　意防虑如拨，口防言如遏①，身防染如夺，行防过如割。

【注释】

①遏：洪流。

11.17　白沙在泥，与之俱黑，渐染之习久矣；他山之石，可以攻①玉，切磋之力大焉。

【注释】

①攻：打磨。

11.18　后生辈胸中，落意气两字，有以趣胜者，有以味胜者，然宁饶于味，而无饶于趣。

11.19　芳树不用买，韶光贫可支。

11.20　寡思虑以养神，剪欲色以养精，靖言语以养气。

11.21　立身高一步方超达，处世退一步方安乐。

11.22　救既败之事者，如驭临崖之马，休轻策一鞭；图垂成之功者，如挽上滩之舟，莫少停一棹。

11.23　是非邪正之交，少迁就则失从违之正；利害得失之会，太分明则起趋避之私。

11.24　事系幽隐，要思回护他，着不得一点攻讦的念头；人属寒微，要思矜礼他，着不得一毫傲睨的气象。

11.25 毋以小嫌而疏至戚，勿以新怨而忘旧恩。

11.26 礼义廉耻，可以律己，不可以绳人。律己则寡过，绳人则寡合。

11.27 凡事韬晦，不独益己，抑且①益人；凡事表暴，不独损人，抑且损己。

【注释】

①抑且：而且。

11.28 觉人之诈，不形①于言；受人之侮，不动②于色。此中有无穷意味，亦有无穷受用。

【注释】

①形：显形于，表现。

②动：发生于，显现。

11.29 爵位不宜太盛①，太盛则危；能事不宜尽毕，尽毕则衰。

【注释】

①盛：显赫。

11.30 遇故旧之交，意气要愈新；处隐微之事，心迹宜愈显；待衰朽之人，恩礼要愈隆。

11.31 用人不宜刻，刻则思效者去；交友不宜滥，滥则贡谀者来。

11.32 忧勤是美德，太苦则无以适性怡情；澹泊①

是高风，太枯则无以济人利物。

【注释】

①澹泊：清静淡薄。

11.33　作人要脱俗，不可存一矫俗①之心；应世要随时，不可起一趋时②之念。

【注释】

①矫俗：矫正世俗。

②趋时：逢迎世俗。

11.34　病中之趣味，不可不尝；穷途之景界，不可不历。

11.35　才人国士，既负不群之才，定负不羁之行，是以才稍压众则忌心生，行稍违时①则侧目至。死后声名，空誉墓中之骸骨；穷途潦倒，谁怜宫外之蛾眉。

【注释】

①违时：不合世俗。

11.36　贵人之交贫士也，骄色易露；贫士之交贵人也，傲骨当存。

11.37　君子处身，宁人负己，己无负人；小人处事，宁己负人，无人负己。

11.38　砚神曰淬妃，墨神曰回氏，纸神曰尚卿，笔神曰昌化，又曰佩阿。

11.39　要治世，半部《论语》；要出世，一卷《南华》①。

【注释】

①《南华》：指《南华真经》，即《庄子》。

11.40　祸莫大于纵己之欲，恶莫大于言人之非。

11.41　求见①知于人世易，求真知于自己难；求粉饰于耳目易，求无愧于隐微难。

【注释】

①见：被。

11.42　圣人之言，须常将来眼头过，口头转，心头运。

11.43　与其巧持①于末，不若拙戒于初。

【注释】

①巧持：逞巧卖能。

11.44　君子有三惜：此生不学，一可惜；此日闲过，二可惜；此身一败，三可惜。

11.45　昼观诸妻子①，夜卜诸梦寐，两者无愧，始可言学。

【注释】

①妻子：这里指妻子和儿女。

11.46　士大夫三日不读书，则礼义不交，便觉面目可憎，语言无味^①。

【注释】

①无味：没有生机。

11.47　与其密面^①交，不若亲谅友^②；与其施新恩，不若还旧债。

【注释】

①密面：表面上亲热。

②谅友：正直诚实的朋友。

11.48　士人当使王公闻名多而识面少，宁使王公讶其不来，毋使王公厌其不去。

11.49　见人有得意事，便当生忻喜心；见人有失意事，便当生怜悯心，皆自己真实受用处。忌成乐败，徒自坏心术耳。

11.50　恩重难酬，名高难称。

11.51　待客之礼当存古意，止一鸡一黍，酒数行，食饭而罢，以此为法。

11.52　处心不可着，着则偏；作事不可尽，尽则穷。

11.53　士人所贵，节行^①为大。轩冕^②失之，有时而复来；节行失之，终身不可得矣。

①节行：气节操守。

②轩冕：官爵和禄位。

11.54　势不可倚尽，言不可道尽，福不可享尽，事不可处尽，意味偏长。

11.55　静坐然后知平日之气浮，守默然后知平日之言躁，省事然后知平日之心忙，闭户然后知平日之交滥，寡欲然后知平日之病多，近情然后知平日之念刻。

11.56　喜时之言多失信，怒时之言多失体。

11.57　泛交则多费，多费则多营，多营则多求，多求则多辱。

11.58　一字不可轻与人，一言不可轻语人，一笑不可轻假人。

11.59　正以处心，廉以律己，忠以事君，恭以事长①，信以接物，宽以待下，敬以治事②，此居官之七要也。

【注释】

①长：长辈。

②治事：从事政务。

11.60　圣人成大事业者，从战战兢兢之小心来。

11.61　酒入舌出，舌出言失，言失身弃。余以为弃身不如弃酒。

11.62　青天白日，和风庆云，不特①人多喜色，即鸟鹊且有好音。若暴风怒雨，疾雷幽电，鸟亦投林，人皆闭户。故君子以太和元气为主。

【注释】

①特：只。

11.63　胸中落"意气"两字，则交游定不得力；落"骚雅"二字，则读书定不深心。

11.64　交友之先宜察，交友之后宜信。

11.65　惟书不问贵贱贫富老少，观书一卷，则增一卷之益；观书一日，则有一日之益。

11.66　坦易其心胸，率真其笑语，疏野其礼数，简少其交游。

11.67　好丑不可太明，议论不可务①尽，情势不可殚竭，好恶不可骤②施。

【注释】

①务：一定。

②骤：马上。

11.68　不风之波，开眼之梦，皆能增进道心。

11.69　开口讥诮人，是轻薄第一件①，不惟丧德，亦足丧身。

【注释】

①第一件：最大的事。

11.70　人之恩可念不可忘，人之仇可忘不可念。

11.71　不能受言①者，不可轻与一言，此是善交法。

【注释】

①受言：接受别人的意见。

11.72　君子于人，当于有过中求无过，不当于无过求有过。

11.73　我能容人，人在我范围，报之在我，不报在我；人若容我，我在人范围，不报不知，报之不知。自重者然后人重，人轻者由我自轻。

11.74　高明性多疏脱①，须学精严；狷介②常苦迂拘，当思圆转③。

【注释】

①疏脱：性情疏朗、放荡不羁。
②狷介：这里指孤傲耿直的人。
③圆转：思想活跃，会变通。

11.75　欲做精金美玉的人品，定从烈火锻来；思立揭地掀天①的事功，须向薄冰履过。

【注释】

①揭地掀天：惊天动地。

11.76　性不可纵，怒不可留，语不可激，饮不可过。

11.77　能轻富贵，不能轻一轻富贵之心；能重名义，又复重一重名义之念。是事境之尘氛未扫，而心境之芥蒂未忘。此处拔除不净，恐石去而草复生矣。

11.78　纷扰固溺志之场，而枯寂亦槁心之地。故学者当栖心玄默，以宁吾真体；亦当适志恬愉，以养吾圆机。

11.79　待小人不难于严，而难于不恶；待君子不难于恭，而难于有礼。

11.80　市①私恩，不如扶公议；结新知，不如敦②旧好；立荣名，不如种隐德；尚奇节，不如谨庸行。

【注释】

①市：得到。

②敦：加深。

11.81　有一念而犯鬼神之忌，一言而伤天地之和，一事而酿子孙之祸者，最宜切戒。

11.82　不实心①，不成事；不虚心，不知事。

【注释】

①实心：真心实意。

11.83　老成人受病①，在作意步趋；少年人受病，在假意超脱。

【注释】

①受病：被别人指责。

11.84　为善有表里始终之异，不过假好人；为恶无表里始终之异，倒是硬汉子。

11.85　入心处咫尺玄门^①，得意时千古快事。

【注释】

①玄门：高深的境界。

11.86　《水浒传》无所不有，却无破老一事，非关缺陷，恰是酒肉汉本色。如此益知作者之妙。

11.87　世间会讨便宜人，必是吃过亏者。

11.88　书是同人，每读一篇，自觉寝食有味；佛为老友，但窥半偈，转思前境真空。

11.89　衣垢不澣，器缺不补，对人犹有惭色；行垢不澣，德缺不补，对天岂无愧心？

11.90　天地俱不醒，落得昏沉醉梦；洪蒙^①率是客，枉寻寥廓主人。

【注释】

①洪蒙：指宇宙。

11.91　老成人必典必则，半步可规；气闷人不吐不茹^①，一时难对。

【注释】

①茹：这里是说出来的意思。

11.92　重友者，交时极难，看得难，以故转重；轻友者，交时极易，看得易，以故转轻。

11.93　近以静事而约己，远以惜福而延生。

11.94　掩户焚香，清福已具。如无福者，定生他想。更有福者，辅以读书。

11.95　国家用人，犹农家积粟①。粟积于丰年，乃可济饥；才储于平时，乃可济用。

【注释】

①粟：此处泛指粮食。

11.96　考人品，要在五伦上见。此处得，则小过不足疵；此处失，则众长不足录。

11.97　国家尊名节，奖恬退，虽一时未见其效，然当患难仓卒之际，终赖其用。如禄山之乱，河北二十四郡皆望风奔溃，而抗节不挠者，止一颜真卿，明皇初不识其人，则所谓名节者，亦未尝不自恬退中得来也。故奖恬退者，乃所以励名节。

11.98　志不可一日坠，心不可一日放。

11.99　辩不如讷，语不如默，动不如静，忙不如闲。

11.100　以无累之神，合有道之器，宫商①暂离，不可得已。

【注释】

①宫商：古代的五声音阶，分别为宫、商、角、徵、羽。

11.101　精神清旺①，境境都有会心；志气昏愚②，处处俱成梦幻。

①清旺：清醒旺盛。

②昏愚：昏庸愚钝。

11.102　酒能乱性，佛家戒之；酒能养气，仙家饮之。余于无酒时学佛，有酒时学仙。

11.103　烈士不馁，正气以饱其腹；清士不寒，青史以暖其躬；义士不死，天君以生其骸。总之手悬胸中之日月，以任世上之风波。

11.104　孟郊有句云："青山碾为尘，白日无闲人。"于邺①云："白日若不落，红尘应更深。"又云："如逢幽隐处，似遇独醒人。"王维云："行到水穷处，坐看云起时。"又云："明月松间照，清泉石上流。"皎然②云："少时不见山，便觉无奇趣。"每一吟讽，逸思翩翩。

【注释】

①于邺：字武陵，擅写诗。

②皎然：字清昼，著名僧人。

第十二卷　集倩

倩^①不可多得，美人有其韵，名花有其致，青山绿水有其丰标。外则山癯^②韵士，当情景相会之时，偶出一语，亦莫不尽其韵，极其致，领略其丰标^③，可以启名花之笑，可以佐美人之歌，可以发山水之清音，而又何可多得！集倩第十二。

【注释】

①倩：含笑的样子，引申为妩媚、美妙。

②山癯：形容隐士萧疏清癯的样子。

③丰标：风韵，风姿。

12.1　会心处，自有濠濮间想^①，然可亲人鱼鸟；偃卧^②时，便是羲皇^③上人，何必秋月凉风。

【注释】

①会心：心领神会。濠濮：这里指天地人生。出自《世说新语·言语》："会心处不必在远，翳然临水，便自有濠濮间想，觉鸟兽禽人，自来亲人。"

②偃卧：仰面闲卧。

③羲皇：这里指代上古时代。

12.2　一轩①明月，花影参差，席地便宜②小酌；十里青山，鸟声断续，寻春几度长吟。

【注释】

①轩：轮。

②便宜：适合，适宜。

12.3　入山采药，临水捕鱼，绿树阴中鸟道；扫石弹琴，卷帘看鹤，白云深处人家。

12.4　沙村竹色，明月如霜，携幽人杖藜散步；石屋松阴，白云似雪，对孤鹤扫榻高眠。

12.5　焚香看书，人事都尽。隔帘花落，松梢月上。钟声忽度，推窗仰视，河汉流云，大胜昼时。非有洗心涤虑，得意爻象之表者，不可独契此语。

12.6　纸窗竹屋，夏葛冬裘，饭后黑甜，日中白醉，足矣。

12.7　收碣石之宿雾，敛苍梧之夕云。

12.8　八月灵槎，泛寒光而静去；三山神阙，湛清影以遥连。

12.9　空三楚之暮天，楼中历历；满六朝之故地，草际悠悠。

12.10　秋水岸移新钓舫，藕花洲拂旧荷裳。心深不灭三年字，病浅难销十步香。

12.11　赵飞燕歌舞自赏，仙风留于绡裙；韩昭侯鼙笑不轻，俭德昭于弊裤。皆以一物著名，局面相去甚远。

12.12　翠微僧至，衲衣皆染松云；斗室残经，石磬半沉蕉雨。

12.13　黄鸟情多，常向梦中呼醉客；白云意懒，偏来僻处媚幽人。

12.14　乐意相关禽对语，生香不断树交花，是无彼无此真机；野色更无山隔断，天光常与水相连，此彻上彻下真境。

12.15　美女不尚铅华，似疏云之映淡月；禅师不落空寂，若碧沼之吐青莲。

12.16　书者喜谈画，定能以画法作书；酒人好论茶，定能以茶法饮酒。

12.17　诗用方言，岂是采风之子；谈邻俳语，恐贻拂麈之羞。

12.18　肥壤植梅花，茂而其韵不古；沃土种竹枝，盛而其质不坚。竹径松篱，尽堪娱目，何非一段清闲；园亭池榭，仅可容身，便是半生受用。

12.19　南涧科头①，可任半帘明月；北窗坦腹，还须一榻清风。

【注释】

①科头：扎起头发。

12.20　披帙①横风榻，邀棋坐雨窗。

①披帙：开卷读书。

12.21　洛阳每遇梨花时，人多携酒树下，曰：为梨花洗妆。

12.22　绿染林皋①，红销②溪水。

【注释】

①皋：水边高地。

②销：染遍。

12.23　几声好鸟斜阳外，一簇春风小院中。

12.24　有客到柴门，清尊开江上之月；无人剪蒿径①，孤榻对雨中之山。

【注释】

①蒿径：荒芜的小路。

12.25　恨留山鸟，啼百卉之春红；愁寄陇云，锁四天之暮碧。

12.26　涧口有泉常饮鹤，山头无地不栽花。

12.27　双杵茶烟，具载陆君之灶①；半床松月，且窥扬子之书②。

【注释】

①陆君之灶："茶圣"陆羽的茶灶，这里指陆羽所创造的茶具二十四器。

②扬子之书：西汉文学家扬雄所编著的书。

12.28　寻雪后之梅，几忙骚客；访霜前之菊，颇惬幽人。

12.29　帐中苏合，全消雀尾之炉；槛外游丝，半织龙须之席。

12.30　瘦竹如幽人，幽花如处女。

12.31　晨起推窗，红雨乱飞，闲花笑也；绿树有声，闲鸟啼也；烟岚①灭没，闲云度也；藻荇②可数，闲池静也；风细帘青，林空月印，闲庭峭也。山扉昼扃，而剥啄每多闲侣；帖括因人，而几案每多闲编。绣佛长斋，禅心释谛，而念多闲想，语多闲词。闲中滋味，洵③足乐也。

【注释】

①烟岚：山间烟雾。

②藻荇：水草。

③洵：诚然，确实。

12.32　鄙吝一消，白云亦可赠客；渣滓尽化，明月亦来照人。

12.33　水流云在，想子美①千载高标；月到风来，忆尧夫②一时雅致。何以消天下之清风朗月，酒盏诗筒；何以谢人间之覆雨翻云，闭门高卧。

【注释】

①子美：杜甫。

②尧夫：北宋理学家邵雍，著有《皇极经世书》《伊川击壤集》。

12.34 高客留连，花木添清疏之致；幽人剥啄，莓苔生淡冶之容。

12.35 雨中连榻，花下飞觞，进艇长波，散发弄月。紫箫玉笛，飒①起中流，白露可餐，天河在袖。

【注释】

①飒：忽然。

12.36 午夜箕踞松下，依依皎月，时来亲人，亦复快然自适。

12.37 香宜远焚，茶宜旋煮，山宜秋登。

12.38 中郎赏花云："茗赏上也，谈赏次也，酒赏下也。茶越而酒崇，及一切庸秽凡俗之语，此花神之深恶痛斥者，宁闭口枯坐，勿遭花恼可也。"

12.39 赏花有地有时，不得其时而漫然命①客，皆为唐突。寒花宜初雪，宜雨霁②，宜新月，宜暖房；温花宜晴日，宜轻寒，宜华堂；暑花宜雨后，宜快风，宜佳木浓阴，宜竹下，宜水阁；凉花宜爽月，宜夕阳，宜空阶，宜苔径，宜古藤巉石③边。若不论风日，不择佳地，神气散缓，了不相属，比于妓舍酒馆中花，何异哉？

【注释】

①漫然：随意。命：邀请。

②霁：雨雪停止。

③巉石：怪石。

12.40　云霞争变①，风雨横天②，终日静坐，清风洒然。

【注释】

①争变：竞相变幻。

②横天：从高空降落。

12.41　妙笛至山水佳处，马上临风，快作数弄①。

【注释】

①数弄：几曲。

12.42　心中事，眼中景，意中人。

12.43　园花按时开放，因即其佳称待之以客。梅花索笑客，桃花销恨客，杏花倚云客，水仙凌波客，牡丹酣酒客，芍药占春客，萱草忘忧客，莲花禅社客，葵花丹心客，海棠昌州客，桂花青云客，菊花招隐客，兰花幽谷客，酴醿清叙客，腊梅远寄客。须是身闲，方可称为主人。

12.44　马蹄入树鸟梦坠①，月色满桥人影来。

【注释】

①坠：惊起。

12.45　无事当看韵书，有酒当邀韵友。

12.46　红蓼^①滩头，青林古岸，西风扑面，风雪打头，披蓑顶笠，执竿烟水，俨然^②在米芾《寒江独钓图》中。

【注释】

①红蓼：一种水草。

②俨然：好像。

12.47　冯惟一^①以杯酒自娱，酒酣即弹琵琶，弹罢赋诗，诗成起舞。时人爱其俊逸。

【注释】

①冯惟一：冯吉，字惟一，是五代时后晋、后周的官员。擅长写文章，工草隶，精于琵琶，当时的人把他的琵琶、诗、舞称为"三绝"。

12.48　风下松而合曲，泉萦石而生文。

12.49　秋风解缆，极目芦苇，白露横江，情景凄绝。孤雁惊飞，秋色远近，泊舟卧听，沽酒呼卢，一切尘事，都付秋水芦花。

12.50　设禅榻二，一自适，一待朋。朋若未至，则悬之。敢曰"陈蕃之榻，悬待孺子^①；长史之榻，专设休源^②"。亦惟禅榻之侧，不容着俗人膝耳。诗魔酒颠，赖此榻祛醒。

【注释】

①孺子：徐稚，字孺子。

②休源：孔休源，南朝人。

12.51　留连野水之烟，淡荡寒山之月。

12.52　春夏之交，散行麦野；秋冬之际，微醉稻场。欣看麦浪之翻银，积翠直侵衣带；快睹稻香之覆地，新醅欲溢尊罍①。每来得趣于庄村，宁去置身于草野。

【注释】

①尊罍：盛酒的器具。

12.53　羁客在云村，蕉雨点点，如奏笙竽，声极可爱。山人读《易》《礼》，斗后骑鹤以至，不减闻《韶》也。

12.54　阴茂树，濯①寒泉，溯冷风，宁不爽然洒然！

【注释】

①濯：洗浴。

12.55　韵言一展卷间，恍①坐冰壶而观龙藏②。

【注释】

①恍：仿佛。

②龙藏：相传大乘经典藏在龙宫，所以称龙藏。

12.56　春来新笋，细可供茶；雨后奇花，肥堪待客。

12.57　赏花须结豪友，观妓须结淡友，登山须结逸友，泛舟须结旷友，对月须结冷友，待雪须结艳友，捉酒须结韵友。

12.58　问客写药方，非关多病；闭门听野史，只为偷闲。

12.59　岁行①尽矣，风雨凄然，纸窗竹屋，灯火青荧②，时于此间得小趣。

【注释】

①行：即将。

②青荧：形容灯火的颜色。

12.60　山鸟每夜五更喧起五次，谓之报更，盖山间率真漏声也。

12.61　分韵题诗，花前酒后；闭门放鹤，主去客来。

12.62　插花着瓶中，令俯仰高下，斜正疏密，皆存意态①，得画家写生之趣方佳。

【注释】

①意态：此处指韵味。

12.63　法饮宜舒①，放饮宜雅，病饮宜小②，愁饮宜醉，春饮宜郊，秋饮宜舟，冬饮宜室，夜饮宜月。

【注释】

①舒：舒缓。

②小：少量。

12.64　甘酒以待病客①，辣酒以待饮客②，苦酒以待豪客，淡酒以待清客③，浊酒以待俗客。

【注释】

①病客：生病的客人。

②饮客：善于饮酒的客人。

③清客：性情高雅的客人。

12.65　宜岸帻观书，宜倚槛吹笛，宜焚香静坐，宜挥麈清谈。江干宜帆影，山郁宜烟岚，院落宜杨柳，寺观宜松篁。溪边宜渔樵、宜鹭鸶，花前宜娉婷、宜鹦鹉。宜翠雾霏微，宜银河清浅。宜万里无云，长空如洗；宜千林雨过，叠嶂如新。宜高插江天，宜斜连城郭。宜开窗眺海日，宜露顶卧天风。宜啸，宜咏，宜终日敲棋；宜酒，宜诗，宜清宵对榻。

12.66　良夜风清，石床独坐，花香暗度①，松影参差。黄鹤楼可以不登，张怀民②可以不访，《满庭芳》可以不歌。

【注释】

①度：到达。

②张怀民：张梦德，北宋时人。

12.67　茅屋竹窗，一榻清风邀客；茶炉药灶，半帘明月窥人。

12.68　娟娟花露，晓湿芒鞋①；瑟瑟松风，凉生枕簟②。

【注释】

①芒鞋：草鞋。

②簟：竹席。

12.69　绿叶斜披，桃叶渡^①头，一片弄残秋月；青帘高挂，杏花村^②里，几回典却春衣。

【注释】

①桃叶渡：古代的渡口，在今南京秦淮河边上，传说王献之曾在这里作歌送妾，后来泛指津渡。

②杏花村：杜牧《清明》诗："借问酒家何处有，牧童遥指杏花村。"后代指沽酒处。

12.70　杨花飞入珠帘，脱巾洗砚；诗草吟成锦字，烧竹煎茶。良友相聚，或解衣盘礴^①，或分韵角险，顷之貌出青山，吟成丽句，从旁品题之，大是开心事。

【注释】

①盘礴：盘腿坐着。

12.71　木枕傲，石枕冷，瓦枕粗，竹枕鸣，以藤为骨，以漆为肤，其背圆而滑，其额方而通。此蒙庄之蝶庵，华阳之睡几。

12.72　小桥月上，仰盼星光，浮云往来，掩映于牛渚^①之间，别是一种晚眺。

【注释】

①牛渚：山名，在今安徽当涂。

12.73　医俗病^①莫如书，赠酒狂^②莫如月。

①俗病：庸俗。

②酒狂：嗜酒如命的人。

12.74　明窗净几，好香苦茗，有时与高衲谈禅；豆棚菜圃，暖日和风，无事听友人说鬼。

12.75　花事乍开乍①落，月色乍阴乍晴，兴未阑②，踟蹰搔首；诗篇半拙半工，酒态半醒半醉，身方健，潦倒放怀。

【注释】

①乍：忽然。

②阑：尽。

12.76　湾月宜寒潭，宜绝壁，宜高阁，宜平台，宜窗纱，宜帘钩，宜苔阶，宜花砌，宜小酌，宜清谈，宜长啸，宜独往，宜搔首，宜促膝。春月宜尊罍①，夏月宜枕簟，秋月宜砧杵，冬月宜图书。楼月宜萧，江月宜笛，寺院月宜笙，书斋月宜琴。闺闱月宜纱橱，勾栏月宜弦索，关山月宜帆樯，沙场月宜刁斗。花月宜佳人，松月宜道者，萝月宜隐逸，桂月宜俊英；山月宜老衲，湖月宜良朋，风月宜杨柳，雪月宜梅花。片月宜花梢，宜楼头，宜浅水，宜杖藜，宜幽人，宜孤鸿；满月宜江边，宜苑内，宜绮筵②，宜华灯，宜醉客，宜妙妓。

①尊罍：盛酒的器具。

②绮筵：豪华的宴席。

12.77　佛经云："细烧沉水，毋①令见火。"此烧香三昧②语。

【注释】

①毋：不要。

②三昧：事物的奥妙。

12.78　石上藤萝，墙头薜荔①，小窗幽致，绝胜深山，加以明月清风，物外之情，尽堪闲适。

【注释】

①薜荔：木莲。

12.79　出世之法，无如闭关。计一园手掌大，草木蒙茸，禽鱼往来，矮屋临水，展书匡坐，几于避秦，与人世隔。

12.80　山上须泉，径中须竹。读史不可无酒，谈禅不可无美人。

12.81　幽居虽非绝世，而一切使令供具交游晤对①之事，似出世外。花为婢仆，鸟为笑谈，溪漱涧流代酒肴烹炼，书史作师保②，竹石质友朋，雨声云影，松风萝月，为一时豪兴之歌舞。情景固浓，然亦清趣。

【注释】

①晤对：会面。

②师保：导师。

12.82　蓬窗夜启，月白于霜；渔火沙汀①，寒星如聚。忘却客子作楚，但欣②烟水留人。

【注释】

①沙汀：沙滩。

②欣：欣慰。

12.83　无欲者其言清①，无累者其言达②。口耳巽入，灵窍③忽启。故曰不为俗情所染，方能说法度人。

【注释】

①清：清淡。

②达：通达。

③灵窍：智慧。

12.84　临流晓坐①，欸乃②忽闻，山川之情，勃然③不禁。

【注释】

①坐：打坐。

②欸乃：行船摇橹声。

③勃然：突然，一下子。

12.85　舞罢缠头①何所赠，折得松钗；饮余酒债莫能偿，拾来榆荚。

【注释】

①缠头：此处指用来酬谢舞女的东西。

12.86　午夜无人知处，明月催诗①；三春有客来时，香风散酒②。

【注释】

①催诗：催发诗兴。

②散酒：散发着酒香。

12.87　如何清色界，一泓碧水含①空；那可断游踪，半砌青苔殢②雨。

【注释】

①含：映照。

②殢：引逗。

12.88　村花路柳，游子衣上之尘；山雾江云，行李担头之色。

12.89　何处得真情，买笑不如买愁；谁人效死力，使功不如使过。

12.90　芒鞋甫①挂，忽想翠微之色，两足复绕山云；兰棹方②停，忽闻新涨之波，一叶仍飘烟水③。

①甫：刚刚。

②方：刚刚。

③烟水：烟波浩渺的水。

12.91　旨愈浓而情愈淡者，霜林之红树；臭愈近而神愈远者，秋水之白蘋。

12.92　龙女濯冰绡^①，一带水痕寒不耐；姮娥携宝药，半囊月魄影犹香。

【注释】

①冰绡：透明洁白如冰的薄纱。

12.93　山馆秋深，野鹤唳残清夜月；江园春暮，杜鹃啼断落花风。

12.94　石洞寻真^①，绿玉嵌乌藤之仗；苔矶^②垂钓，红翎间白鹭之蓑。

【注释】

①真：指仙人。

②苔矶：江边长满苔藓的岩石。

12.95　晚村人语，远归白社之烟；晓市花声，惊破红楼^①之梦。

【注释】

①红楼：此处指红楼中居住的美人。

12.96　案头峰石，四壁冷浸烟云，何与胸中丘壑；枕边溪涧，半榻寒生瀑布，争如舌底鸣泉。

12.97　扁舟空载，赢却关津不税愁；孤杖深穿，揽得烟云闲入梦。

12.98　晓入梁王之苑①，雪满群山；夜登庾亮之楼②，月明千里。

【注释】

①梁王之苑：在今河南开封，梁孝王的游览宴宾之处。

②庾亮之楼：庾公楼，在今湖北武昌。

12.99　名妓翻经，老僧酿酒，书生借箸①谈兵，介胄②登高作赋，羡他雅致偏增；屠门食素，狙侩③论文，厮养④盛服领缘，方外束脩怀刺，令我风流顿减。

【注释】

①箸：剑。

②介胄：铠甲。

③狙侩：从商的人。

④厮养：仆役。

12.100　高卧酒楼，红日不催诗梦醒；漫书花榭，白云恒①带墨痕香。

【注释】

①恒：总是。

12.101　相美人如相①花，贵清艳而有若远若近之思②；看高人如看竹，贵潇洒而有不密不疏之致③。

【注释】

①相：观看。

②思：意味。

③致：韵致。

12.102　梅称清绝，多却罗浮一段妖魂①；竹本萧疏，不耐湘妃数点愁泪。

【注释】

①罗浮一段妖魂：相传隋文帝开皇年间，赵师雄迁到罗浮，正好天色已晚，天气寒冷，他又喝醉了酒，于是躺在松林酒肆旁，梦见和一个女子一起进了酒家，彼此畅谈，甚是投契。等到第二天醒来的时候，他发现自己睡在梅树下面。

12.103　穷秀才生活，整日荒年；老山人出游，一派熟路。

12.104　眉端扬未得，庶几在山月吐时；眼界放开来，只好向水云深处。

12.105　刘伯伦携壶荷锸，死便埋我，真酒人哉；王武仲闭关护花，不许踏破，直花奴耳。

12.106　一声秋雨，一行秋雁，消不得一室清灯；一月春花，一池春草，绕乱①却一生春梦。

①绕乱：惊扰。

12.107　夭桃红杏，一时分付东风；翠竹黄花，从此永为闲伴。

12.108　花影零乱，香魂夜发，辗然而喜。烛既尽，不能寐也。

12.109　花阴流影，散为半院舞衣；水响飞音，听来一溪歌板。

12.110　一片秋色，能疗客病；半声春鸟，偏唤愁人。

12.111　云落寒潭，涤尘容于水镜；月流深谷，拭淡黛①于山妆。

【注释】

①黛：眉黛。

12.112　寻芳者追深径之兰，识韵者穷深山之竹。

12.113　花间雨过，蜂粘几片蔷薇；柳下童归，香散数茎簷蔔①。

【注释】

①簷蔔：古代植物名。一说为栀子花。

12.114　幽人到处烟霞冷，仙子来时云雨香。

12.115　落红点苔，可当锦褥；草香花媚，可当娇姬。莫逆则山鹿溪鸥，鼓吹则水声鸟啭。毛褐为纨绮，山云作主宾。和根野菜，不让侯鲭；带叶柴门，奚输甲第？

12.116　野筑郊居，绰^①有规制。茅亭草舍，棘垣^②竹篱，构列无方^③，淡宕如画，花间红白，树无行款。徜徉^④洒落，何异仙居？

【注释】

①绰：宽裕。

②垣：墙。

③方：规则。

④徜徉：无拘无束地散步。

12.117　墨池寒欲结^①，冰分笔上之花；炉篆^②气初浮，不散帘前之雾。

【注释】

①结：结冰。

②炉篆：香炉中的烟缕。

12.118　青山在门，白云当^①户，明月到窗，凉风拂^②座，胜地皆仙，五城十二楼^③，转觉多设。

【注释】

①当：正对着。

②拂：吹拂。

③五城十二楼：传说中神仙居住的地方。

12.119　何为声色俱清^①？曰：松风水月，未足比其清华。何为神情俱彻^②？曰：仙露明珠，讵^③能方其朗润。

【注释】

①清：清雅。

②彻：透彻。

③讵：不能。

12.120 "逸"字是山林关目^①，用于情趣，则清远多致；用于事务，则散漫无功。

【注释】

①关目：戏曲、小说中最重要的情节。此处指最重要的特征。

12.121 宇宙虽宽，世途眇^①于鸟道；征逐日甚，人情浮比鱼蛮^②。

【注释】

①眇：狭窄。

②鱼蛮：渔夫。

12.122 柳下舣舟，花间走马，观者之趣，倍过个中。

12.123 问人情何似？曰：野水多于地，春山半是云。问世事何似？曰：马上悬壶浆^①，刀头分顿肉^②。

【注释】

①浆：这里指酒。

②顿肉：住宿或外出时所带的肉食。

12.124 尘情一破，便同鸡犬为仙；世法^①相拘，何异鹤鹅作阵^②。

①世法：世俗的规矩、法则。

②作阵：拘束，做作。

12.125　清①恐人知，奇足自赏。

【注释】

①清：清雅的志趣。

12.126　与客倒金樽，醉来一榻，岂独客去为佳；有人知玉律，回车三调，何必相识乃再。笑元亮①之逐客何迂，羡子猷②之高情可赏。

【注释】

①元亮：东晋著名诗人陶渊明，字元亮。

②子猷：东晋的王徽之，字子猷。

12.127　高士岂尽无染①，莲为君子，亦自出于污泥；丈夫但论操持，竹作正人，何妨犯以霜雪。

【注释】

①染：指世俗的污染。

12.128　东郭先生之履，一贫从万古之清；山阴道士之经，片字收千金之重。

12.129　管辂请饮后言，名为酒胆；休文以吟致瘦，要是诗魔。

12.130 因①花索句，胜他牍奏三千；为鹤谋②粮，赢我田耕二顷。

【注释】

①因：借助。

②谋：筹借。

12.131 至奇无惊，至美无艳。

12.132 瓶中插花，盆中养石，虽是寻常供具，实关幽人性情。若非得趣，个中布置，何能生致①！

【注释】

①致：情趣。

12.133 湖海上浮家泛宅，烟霞五色足资粮；乾坤内狂客逸人，花鸟四时供啸咏。

12.134 养花，瓶亦须精良，譬如玉环、飞燕不可置之茅茨①，嵇阮贺李②不可请之店中。

【注释】

①茅茨：指茅屋。

②嵇阮贺李：指嵇康、阮籍、贺知章、李白，他们四人不仅才华横溢，而且都以性格狂放不羁而著称。

12.135 才有力以胜蝶，本无心而引莺。半叶舒而岩暗，一花散而峰明。

12.136 玉槛连彩，粉壁迷明。动鲍照之诗兴，销王粲之忧情。

12.137　急不急之辨，不如养默^①；处不切^②之事，不如养静；助不直之举，不如养正；恣^③不禁之费，不如养福；好不情之察，不如养度；走^④不实之名，不如养晦；近不祥之人，不如养愚。

【注释】

①默：沉默。

②不切：不符合实际。

③恣：恣意挥霍。

④走：这里指散布、宣传。

12.138　诚实以启^①人之信我，乐易以使人之亲我，虚己^②以听人之教我，恭己^③以取人之敬我，奋发以破^④人之量我，洞彻以备人之疑我，尽心以报人之托我，坚持以杜人之鄙我。

【注释】

①启：开启。

②虚己：谦虚谨慎。

③恭己：对人恭敬。

④破：打破常规的看法。